国家级一流本科专业建设点配套教材

北大社·普通高等教育"十三五"规划教材

高等院校数据科学与大数据专业"互联网+"创新规划教材

U0204366

大数据导论

主　编　王道平　陈　华

北京大学出版社

PEKING UNIVERSITY PRESS

内 容 简 介

本书系统地介绍了大数据技术与应用的基础知识，详细阐述了大数据的采集、存储、处理、分析和可视化等相关内容，并且讲述了大数据在金融、互联网、生物医学等领域的应用以及大数据环境下的隐私和安全问题。

本书既可以作为高等院校大数据、计算机科学与技术、软件工程及相关专业课程的教材，也可以供系统分析师、系统架构师、软件开发工程师、项目经理及学习大数据技术的读者阅读和参考。

图书在版编目(CIP)数据

大数据导论/王道平，陈华主编. —北京：北京大学出版社，2019.9
高等院校数据科学与大数据专业"互联网+"创新规划教材
ISBN 978 - 7 - 301 - 30665 - 9

Ⅰ.①大… Ⅱ.①王… ②陈… Ⅲ.①数据处理—高等学校—教材 Ⅳ.①TP274

中国版本图书馆 CIP 数据核字（2019）第 181016 号

书　　　　名	大数据导论
	DA SHUJU DAOLUN
著作责任者	王道平　陈　华　主编
策 划 编 辑	程志强
责 任 编 辑	程志强　孙　丹
数 字 编 辑	刘　蓉
标 准 书 号	ISBN 978 - 7 - 301 - 30665 - 9
出 版 发 行	北京大学出版社
地　　　　址	北京市海淀区成府路 205 号　　100871
网　　　　址	http://www.pup.cn　新浪微博:@北京大学出版社
电 子 信 箱	pup_6@163.com
电　　　　话	邮购部 010 - 62752015　发行部 010 - 62750672　编辑部 010 - 62750667
印 刷 者	北京圣夫亚美印刷有限公司
经 销 者	新华书店
	787 毫米×1092 毫米　16 开本　11.25 印张　258 千字
	2019 年 9 月第 1 版　2023 年 6 月修订　2023 年 6 月第 3 次印刷
定　　　　价	39.00 元

未经许可，不得以任何方式复制或抄袭本书之部分或全部内容。
版权所有，侵权必究
举报电话：010 - 62752024　电子信箱：fd@pup.pku.edu.cn
图书如有印装质量问题，请与出版部联系，电话：010 - 62756370

前　　言

随着互联网和信息技术的快速发展，大数据逐渐成为人们关注的焦点。我国高度重视大数据的发展与应用，目前已出台了多份国家级文件，涵盖金融业、物流业和制造业等多个行业及政务公开、审计、简政放权等多个重要领域。党的二十大报告中指出，加快发展数字经济，促进数字经济和实体经济深度融合。新一代信息技术与各产业结合形成数字化生产力和数字经济，是现代化经济体系发展的重要方向。大数据、云计算、人工智能、区块链等数字技术是当代创新最活跃、应用最广泛、带动力最强的科技领域，给产业发展、日常生活、社会治理带来了深刻的影响。数据要素已成为劳动力、资本、土地、技术、管理等之外最先进、最活跃的新生产要素，驱动实体经济在生产主体、生产对象、生产工具和生产方式上发生深刻变革。正如全球知名咨询公司麦肯锡所说，大数据已经渗透到当今每一个行业和业务职能领域，成为重要的生产因素。在当前大数据浪潮的猛烈冲击下，人们需要充实和完善自己原有的知识结构，掌握全新的技能，即大数据基本技术与应用，从而能够充分利用大数据，发挥其潜在的价值。

本书系统地介绍了大数据理论和技术，详细阐述了大数据从采集到可视化整个过程的相关内容，讲述了大数据在不同领域的应用及所面临的问题与挑战。

本书内容分 4 个部分共 8 章。

第 1 部分为大数据的相关概述（第 1 章）。主要介绍大数据的背景、概念、特征和结构类型，大数据的关键技术（包括大数据采集、预处理、分析和存储等），以及大数据的发展和应用。

第 2 部分为大数据的相关技术（第 2～6 章）。第 2 章介绍系统日志采集和网络数据采集等大数据采集技术，数据清洗、集成、变换和归约等预处理技术，数据仓库的概念、组成和数据模型，以及 ETL 技术。第 3 章介绍传统存储技术（包括 DAS、NAS 和 SAN技术）、分布式存储和云存储技术。第 4 章介绍大数据处理与计算，分别对 Hadoop、Spark 和 Storm 处理框架进行阐述，并介绍 HDFS、MapReduce 和 YARN。第 5 章介绍描述性分析、探索性分析和验证性分析等大数据分析类型，大数据分析常用的方法（包括回归分析、关联分析、分类和聚类），以及大数据分析的工具。第 6 章介绍大数据可视化的概念、起源和作用，基于图形、像素和平行坐标法等的大数据可视化技术，以及大数据可视化的常用工具。

第 3 部分为大数据的相关应用（第 7 章）。通过结合案例，介绍大数据在金融、互联网、生物医学、物流、汽车等领域的应用，并且分析了大数据对人们日常生活的重要价值和作用。

第 4 部分为大数据的隐私与安全（第 8 章）。介绍大数据隐私与安全的定义、影响因素和分类，并分别从存储、应用和管理方面对大数据隐私与安全的防护策略进行阐述，同时介绍了相应的防护技术。

同时，书中各章末尾附有知识拓展，通过介绍我国与大数据相关的机构、企业、软件、技术等内容，在践行社会主义核心价值观、弘扬中华民族传统美德等方面起到了积极作用。

本书由北京科技大学王道平和陈华担任主编，负责设计全书结构、草拟写作提纲、组织编写工作和最后统稿。参加本书编写工作的人员还有李明芳、李锋、蒋中杨、宋雨情、徐良越、李小燕、张博卿等。

在编写本书的过程中，编者参阅了大量书籍和相关资料，在此对各位作者表示真诚的谢意！本书的出版得到了北京大学出版社的大力支持，在此一并表示衷心的感谢！由于编者水平有限，书中难免存在疏漏之处，恳请广大读者批评斧正。

编　者

【资源索引】

目　　录

第1章

大数据概述

知识要点	掌握程度	相关知识
大数据的背景	了解	互联网的三次浪潮、大数据的变革思维
大数据的概念	掌握	大数据的定义、数据存储单位
大数据的特征	掌握	大数据的 4V 特征
大数据的结构类型	熟悉	结构化、半结构化、准结构化和非结构化数据
大数据的关键技术	熟悉	大数据采集、预处理、储存与管理等技术
大数据的核心产业链	了解	生态商业角色的构成、生态商业模式的分析
大数据的发展	了解	大数据的发展态势及其所面临的挑战
大数据的应用	熟悉	大数据在金融、互联网等领域的应用

信息技术为人类步入人工智能社会开启了大门，带动了互联网、物联网、电子商务和网络金融等现代服务业的发展，催生了新能源、智慧交通、智慧城市和高端装备制造等新兴产业。与此同时，各种业务数据呈爆炸式增长，大数据时代已来临，传统的信息处理技术已难以满足其收集、存储、分析和应用的需求。世界各国均高度重视大数据技术的研究与发展，以期在"互联网第三次浪潮"中占得先机、引领市场。

1.1 大数据的背景

20 世纪 80 年代以来，互联网经历了三次浪潮，相继解决了信息处理、信息传输和信息爆炸三个方面的诸多问题，促使思科、微软、亚马逊和科大讯飞等行业标杆企业的诞生，人类由此进入了大数据时代。

1.1.1 互联网的三次浪潮

根据国际商业机器公司(IMB)前 CEO 郭士纳的观点，IT 领域每隔若干年就会迎来一次重大变革，见表 1.1。

表 1.1　互联网的三次浪潮

互联网浪潮	发生时间	解决的问题	代表企业
第一次浪潮	20 世纪 90 年代	信息处理	思科、斯普林特、惠普、太阳微系统、微软和苹果等
第二次浪潮	21 世纪初	信息传输	谷歌、亚马逊、eBay、腾讯和阿里巴巴等
第三次浪潮	2010 年前后	信息爆炸	科大讯飞、百度和滴滴出行等

　　20 世纪 90 年代，个人计算机进入千家万户，为网络世界的到来打下了坚实的基础，人类迎来了互联网的第一次浪潮。在这个阶段，思科、斯普林特、惠普、太阳微系统、微软、苹果等公司创造的硬件、软件和网络成为人们与互联网联通的工具。21 世纪初，谷歌等搜索引擎的出现，方便了人们探索网络世界中的海量信息。亚马逊和 eBay 在互联网上推出了一站式购物模式，电子商务应运而生，社交网络此时也进入了成熟期，互联网的第二次浪潮席卷而来。2010 年前后，云计算、物联网、大数据的快速发展，拉开了互联网的第三次浪潮的序幕，大数据时代已经到来，以科大讯飞为代表的标杆企业不断涌现。

1.1.2　大数据的变革思维

　　大数据是人们获得新的认知、创造新的价值的源泉，是改变市场、组织机构及政府与公民关系的方法。维克托认为大数据的核心就是预测，这个核心代表着分析信息时的三个转变。第一个转变是在大数据时代需要分析更多的数据，有时甚至要处理与某个特别现象相关的所有数据，而不再依赖于随机采样；第二个转变是研究数据如此之多，以至于不再热衷于追求精确度；第三个转变由前两个转变促成，即不再热衷于寻找因果关系。

　　最初，需要处理的信息量过大，已经超出了一般计算机在处理数据时所能使用的内存量，因此工程师们改进处理数据的工具，促使了新的处理技术的诞生，如谷歌公司的 MapReduce 和开源 Hadoop 平台，使得人们可以处理的数据量大大增加。更重要的是，数据不再需要用传统的数据库表格来整齐地排列。这是传统数据库结构化查询语言（Structured Query Language，SQL）的要求，而非关系型数据库（NoSQL）没有这些要求，于是可以消除僵化的层次结构的一致性技术就出现了。同时，因为互联网公司可以收集到大量有价值的数据，所以成为了最新处理技术的领衔实践者。

　　以前，一旦完成了收集数据的工作，数据就会被认为没有太大的价值了。例如，在飞机降落之后，票价数据就失去了"价值"，能够反映重要通勤信息的数据被工作人员"自作主张"地丢弃了。也就是说，如果没有大数据的理念，很多有价值的数据就会丢失。如今，人们认为数据不再是静止和陈旧的了。数据已经成为一种商业资本、一项重要的经济投入，可以创造新的经济利益。事实上，一旦思维转变过来，数据就能被巧妙地用来激发新产品和新服务。

1.2　大数据简介

　　大数据不等同于数据量大的数据，它是具有一定价值的资源，确切地说，它可以为人类带来经济效益和社会效益。大数据类型繁多、处理速度快，但价值密度低，很多数据无法直接使用，甚至没有分析价值。除了结构化的数据，大数据更多是半结构化、准结构化和非结构化的，这对大数据的处理和分析工作提出了很高的技术要求。

1.2.1 大数据的概念

从经济学的角度看，大数据是经过系统整理的储存在现实或虚拟空间中，能够提供一定价值的信息资源。从会计学的层面看，这些信息资源是大数据企业或大数据研究机构通过合法交易取得的能够拥有或控

【大数据的定义】

制并可以带来经济利益的资产。从海量的数据规模来看，根据统计，全球 IP 流量达到 1EB 所需的时间在 2001 年是 1 年，而在 2013 年仅为 1 天，到 2016 年则仅为半天。全球新产生的数据年增 40%，信息总量每两年即可翻番。2012 年 IDC 和 EMC 联合发布的《2020 年的数字宇宙》报告指出，2011 年全球数据总量已达到 1.87ZB，如果用 DVD 光盘存储这些数据，则这些光盘排起来的长度达 8×10^5 km。数据存储单位及其换算关系见表 1.2。

表 1.2 数据存储单位及其换算关系

单 位	换 算 关 系
B(Byte，字节)	1B＝8bit
KB(Kilobyte，千字节)	1KB＝1024B
MB(Megabyte，兆字节)	1MB＝1024KB
GB(Gigabyte，吉字节)	1GB＝1024MB
TB(Trillionbyte，太字节)	1TB＝1024GB
PB(Petabyte，拍字节)	1PB＝1024TB
EB(Exabyte，艾字节)	1EB＝1024PB
ZB(Zettabyte，泽字节)	1ZB＝1024EB

大数据并不仅仅是指海量数据，更多的是指这些数据都是非结构化的、残缺的、无法用传统方法进行处理的。也正是因为应用了大数据技术，谷歌才能比政府的公共卫生部门早两周时间预告 2009 年甲型 H1N1 流感的暴发。也就是说，大数据需要量化并进行不断的开发、分析和应用。所谓量化是指从错综复杂的数据中不断地提取和整理，把现象转变成可以分析应用的形式。

【大数据存储
单位的换算】

1.2.2 大数据的特征

关于"大数据的特征是什么"这个问题，学术界比较认可大数据的 4V 说法：数据量大(Volume)、数据类型繁多(Variety)、处理速度快(Velocity)和价值密度低(Value)。

1. 数据量大

人类进入信息社会以后，数据以自然方式增长，其产生不以人的意志为转移。从 1986 年到 2010 年的 20 多年时间里，全球数据的数量增长了 100 倍，今后数据的增长速度会更快。预计到 2020 年，全球将拥有 35ZB 的数据量，与 2010 年相比增长近 30 倍。随着 Web 2.0 和移动互联网的迅速发展，人们已经可以随时随地发布包括博客、微博和

微信在内的各种信息。物联网也得到了飞速发展,各种传感器和摄像头几乎遍布工作和生活的各个角落,这些设备每时每刻都在自动产生大量的数据。

2. 数据类型繁多

大数据的来源众多,科学研究和 Web 应用等领域都在源源不断地生成新的数据。生物大数据、交通大数据、医疗大数据、电信大数据、电力大数据和金融大数据等呈现出"井喷式"增长,所涉及的数据数量十分巨大,已经从 TB 级跃升到 PB 级,这些数据往往被归类为结构化数据、半结构化数据和非结构化数据。与以往的结构化数据为主导地位的局面不同,如今的数据多为非结构化数据,包括网络日志、社交网络信息和地理位置信息等,对数据的处理提出了巨大的挑战。

传统的数据主要储存在关系型数据库中,但是在 Web 2.0 等应用领域中,越来越多的数据开始被储存在 NoSQL 数据库中,这就必然要求在集成的过程中进行数据转换,而这种转换过程是非常复杂和难以管理的。传统的联机分析处理(Online Analytical Processing,OLAP)和商务智能工具大多面向结构化数据,而在大数据时代,商业软件必须是用户友好的且支持非结构化数据分析的,这样才能具有广阔的应用场景。

3. 处理速度快

大数据的处理速度非常快,各种数据基本上实时在线,并能够进行快速的处理、传送和存储,以便全面反映对象的当下情况。在数据量非常庞大的情况下也能够做到数据的实时处理,可以从各种类型的数据中快速获得高价值的信息。以谷歌的 Dremel 为例,它是一种可扩展的、交互式的实时查询系统,用于嵌套数据的分析,通过结合多级树状执行过程和列式数据结构,能做到几秒内完成对万亿张表的聚合查询,也能扩展到成千上万的 CPU 上,满足谷歌众多用户操作 PB 级数据的需求,并且可以在 2~3s 内完成 PB 级数据的查询。

4. 价值密度低

大数据的价值密度相对较低,需要做很多的工作才能挖掘出有价值的信息。随着互联网和物联网的广泛应用,信息感知无处不在,在数据的海洋中不断寻找才能"淘"出一些有价值的东西,可谓"沙里淘金"。以监控视频为例,一天的记录中可能只有几秒是有价值的,但是为了安保工作的顺利进行,不得不投入大量的资金来购买各种设备,耗费大量的电能和存储空间以保存不断更新的监控数据。

有人把数据比喻为蕴藏能量的煤矿,煤炭按照性质不同分为焦煤、无烟煤、肥煤、贫煤等,而露天煤矿、深山煤矿的挖掘成本也不同。与此类似,大数据并不在"大",而在于"有用",价值含量、挖掘成本比数量更重要。对于很多行业而言,如何利用好大数据已成为赢得竞争的关键。

【大数据的
组成部分】

1.2.3 大数据的结构类型

大数据具有多种形式,从高度结构化的财务数据到文本文件、多媒体文件和基因定位图等,都可以称为大数据。由于数据自身的复杂性,处理大数据的首选方法是在并行计算的环境中进行大规模并行处理,这使得同时进行并行摄取、数据装载和数据分析成为可能。多数的大数据是非结构化或半结构化的，就需要不同的技术和工具来处理和分析。

大数据最突出的特征是它的结构。图1.1显示了四种不同结构类型的数据的增长趋势。可知，未来增长的80%~90%的数据来自不是结构化的数据(半结构化数据、准结构化数据和非结构化数据)。虽然图1.1显示了4种不相分离的数据类型，但有时这些数据类型是可以被混合在一起的。例如，某传统的关系数据库管理系统保存着一个软件支持呼叫中心的通话日志，其中包括典型的结构化数据，如日期/时间戳、机器类型、问题类型、操作系统，这些都是在线支持人员通过图形用户界面上的下拉菜单输入的；非结构化数据或半结构化数据，如自由形式的通话日志信息，这些可能来自包含问题的电子邮件、技术问题和解决方案的实际通话描述、与结构化数据有关的实际通话的语音日志或者音频文字实录。即使是现在，大多数分析人员还无法分析这种通话日志历史数据库中的最普通和高度结构化的数据，因为挖掘文本信息是一项强度很大的工作，并且无法简单地实现自动化。

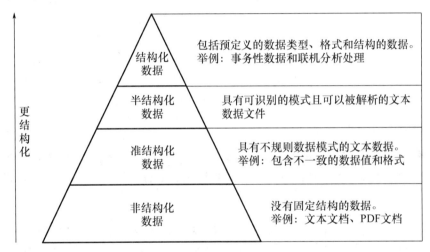

图1.1 四种不同结构类型的数据的增长趋势

1.2.4 大数据的关键技术

大数据的关键技术一般包括大数据采集技术、大数据预处理技术、大数据存储与管理技术、大数据安全开发技术、大数据分析与挖掘技术及大数据展现与应用技术等。

【大数据的关键技术】

1. 大数据采集技术

数据采集是指通过RFID射频、传感器、社交网络交互及移动互联网等方式获得的结构化、半结构化、准结构化和非结构化的海量数据，是大数据知识服务模型的根本。大数据采集一般分为智能感知层和基础支撑层。智能感知层主要包括数据传感体系、网络通信体系、传感适配体系、智能识别体系及软硬件资源接入系统，实现对海量数据的智能化识别、定位、跟踪、接入、传输、信号转换、监控、初步处理和管理等；基础支撑层提供大数据服务平台所需的虚拟服务器、数据库及物联网资源等基础支撑环境。

2. 大数据预处理技术

大数据预处理主要完成对已接收数据的抽取、清洗等操作。

（1）抽取：因获取的数据可能具有多种结构和类型，将复杂的数据转化为单一的或者便于处理的构型，以达到快速分析、处理的目的。

（2）清洗：由于在海量数据中，数据并不全是有价值的，有些数据与所需内容无关，有些数据则是完全错误的干扰项，因此要对数据进行"去噪"，从而提取有效数据。

3. 大数据存储与管理技术

大数据存储与管理就是用存储器把采集到的数据存储起来，建立相应的数据库，并进行管理和调用。大数据存储与管理技术重点解决复杂结构化、半结构化、非结构化数据的管理与处理；主要解决大数据的存储、表示、处理、可靠性和有效传输等几个关键问题；开发可靠的分布式文件系统（Distributed File System，DFS）、能效优化的存储、计算融入存储、大数据的去冗余及高效低成本的大数据存储技术，突破分布式非关系型大数据管理与处理技术、异构数据的数据融合技术和数据组织技术，研究大数据建模技术、大数据索引技术和大数据移动、备份、复制等技术，开发大数据可视化技术和新型数据库技术。新型数据库技术将数据库分为关系型数据库和非关系型数据库。其中，关系型数据库包含了传统关系型数据库及 NewSQL 数据库；非关系型数据库主要指 NoSQL，又分为键值数据库、列存数据库、图存数据库及文档数据库等。

4. 大数据安全开发技术

大数据安全开发技术包括改进数据销毁、透明加解密、分布式访问控制和数据审计等技术，突破隐私保护和推理控制、数据真伪识别和取证、数据持有完整性验证等技术。

5. 大数据分析与挖掘技术

大数据分析与挖掘技术包括改进已有数据挖掘、机器学习、开发数据网络挖掘、特异群组挖掘和图挖掘等新型数据挖掘技术，突破基于对象的数据连接、相似性连接等大数据融合技术和用户兴趣分析、网络行为分析、情感语义分析等面向领域的大数据挖掘技术。

数据挖掘就是从大量的、不完全的、有噪声的、模糊的和随机的实际应用数据中提取出隐含在其中的，人们事先不知道但又潜在有用的信息和知识的过程。数据挖掘涉及的技术方法很多：根据挖掘任务可分为分类或预测模型发现、数据总结、聚类、关联规则发现、序列模式发现、依赖关系或依赖模型发现、异常和趋势发现等；根据挖掘对象可分为关系数据库、面向对象数据库、空间数据库、时态数据库、文本数据库、多媒体数据库、异质数据库、遗产数据库；根据挖掘方法可粗分为机器学习方法、统计方法、神经网络方法和数据库方法，机器学习方法又可细分为归纳学习方法、基于范例学习方法和遗传算法等，统计方法可细分为回归分析（多元回归、自回归等）、判别分析（贝叶斯判别、费歇尔判别、非参数判别等）、聚类分析（系统聚类、动态聚类等）和探索性分析（主元分析法、相关分析法等）等，神经网络方法可细分为前向神经网络（BP 算法等）和自组织神经网络（自组织特征映射、竞争学习等）等，数据库方法可细分为多维数据分析法、

OLAP方法、面向属性的归纳方法。

从挖掘任务和挖掘方法的角度，数据挖掘着重突破以下几个方面。

(1) 可视化分析。无论是对普通用户还是数据分析专家，数据可视化都是最基本的功能。数据图像化可以让数据"说话"，让用户直观地看到结果。

(2) 数据挖掘算法。图像化是将机器语言翻译给人们看，而数据挖掘算法用的是机器语言，通过分割、集群、孤立点分析，可以精炼数据、挖掘价值。要求数据挖掘算法能处理大量的数据，同时应具备很高的处理速度。

(3) 预测性分析。预测性分析可以使分析师根据图像化分析和数据挖掘的结果作出前瞻性判断。

(4) 语义引擎。语义引擎需要设计足够的智能以从数据中主动地提取信息。语言处理技术包括机器翻译、情感分析、舆情分析、智能输入和问答系统等。数据质量与管理是管理的最佳实践，通过标准化流程和机器对数据进行处理，可以确保获得达到预设质量目标的分析结果。

6. 大数据展现与应用技术

大数据展现与应用技术能够将隐藏于海量数据中的信息和知识挖掘出来，为人类的社会经济活动提供依据，从而提高各个领域的运行效率，大大提高整个社会经济的集约化程度。

1.2.5 大数据的核心产业链

在社会认知、政策环境、市场规模和产业支撑能力等方面，我国的大数据产业已经具备一定的基础，并取得了积极的进展，大数据资源建设、大数据技术和大数据应用领域涌现出一批新型企业。

1. 大数据产业生态商业角色构成

(1)大数据产出者。是指拥有数据的政府机构、企业、社会团体及个人，属于大数据产业链上的基础角色，包括数据源提供者、数据流通平台提供者和数据API提供者。目前，我国大数据产出者包括政府管理部门、企业数据源提供商、互联网数据源提供商、物联网数据源提供商、移动通信数据源提供商、提供数据流通平台服务和数据API服务的第三方数据服务企业、社会团体或者个人等。

(2)大数据产品提供者。是指提供直接应用于大数据产品的企业，包括提供大数据应用软件、大数据基础软件、大数据相关硬件产品的企业。大数据应用软件产品提供者如提供整体解决方案的综合技术服务商，它们在大数据计算基础设施上(与云结合)，从简单文件存储的空间租售模式逐步扩展到提供数据聚合平台，进而扩展到为客户提供分析业务的服务。大数据基础软件提供者搭建大数据平台，提供相关大数据技术支持、云存储和数据安全等，在某些垂直行业或者区域掌握大数据的入口与出口，并能对一些数据进行采集、整合和汇集，包括传统的IT企业、设备商及新兴的云服务相关企业。大数据相关硬件产品提供者提供大数据采集、接入、存储、传输、安全等硬件产品和设备。

(3)大数据服务提供者。是指以大数据为核心资源、以大数据应用为主业开展商业经营的企业，包括大数据应用服务提供者、大数据分析服务提供者、大数据基础设施服务

提供者。这类企业处于大数据产业链的下游，通过挖掘隐藏在大数据中的价值，不断推动大数据产业链中各个环节的发展和成熟化。从某种角度上说，正是此类公司创造了大数据的真正价值，大数据应用服务提供者基于大数据技术，对外提供大数据服务；大数据分析服务提供者提供技术服务支持、技术（方法、商业等）咨询，或者为企业提供类似数据科学家的咨询服务；大数据基础设施服务提供者提供面向大数据技术与服务提供者的培训、咨询和推广等的基础且通用的服务。

2. 大数据产业生态商业模式分析

大数据产业拥有多元化的商业模式，并在此基础上扩展和衍生，具体包含数据买卖模式、信息服务模式、第三方数据服务模式、融合服务模式和软硬件销售模式。

（1）数据买卖模式。是指企业直接通过买卖数据取得收入。此类模式的主体是大数据经营商，业务核心是大数据的交易，发展的原动力是大数据的重复利用。这种公司具有很强大的大数据技术能力。多数情况下，大数据技术主要用于自身的运作，如通过经营大数据交易平台和大数据 API 开发盈利的互联网企业。

（2）信息服务模式。是指企业通过分析隐含在信息服务中的大数据获取利润。这类企业往往具备多种技能，甚至同时具有大数据提供者、技术提供者和服务提供者的能力。这类企业既包括传统的信息技术服务和软件服务企业，也包括咨询、审计、财务和金融等非传统意义上的 IT 企业。信息服务模式是最能表现出大数据核心产业和衍生产业相互融合的一种模式。

（3）第三方数据服务模式。是指企业既不是数据的提供者，也不是数据服务的应用者，而是专注通过提供第三方数据服务取得收入者。其主体为数据中间商，本身不具有创造数据的能力，从各种地方搜集数据进行整合，通过搭建或提供数据交易平台，从数据中提取有用信息进行交易，从而获取利润。

（4）融合服务模式。有很多企业将隐含在传统产品及服务中的数据挖掘出来以取得收入，就是在应用融合服务模式，这其中既包括提供信息服务的咨询、审计、财务等企业，也包括利用大数据在产业链上下游提供金融、物流等服务而获取利润的制造业企业。

（5）软硬件销售模式。是指各类大数据产业链企业通过直接销售服务和产品的方式获取利润。对于大数据硬件提供者和大数据基础设施服务提供者来说，软硬件销售模式是他们主要的盈利方式。

1.3　大数据的发展和应用

随着互联网的发展，大数据走进了人们生活的各个角落。世界各国都在抢抓布局，不断加大扶持力度，全球大数据的市场规模保持高速增长的态势。我国也紧跟大数据的发展趋势，大数据迅速成为我国社会各领域关注的热点，地区大数据发展格局初步形成，但同时面临着部分领域较热、数据开放发展滞后和制度建设不完善等亟待解决的问题。

1.3.1　大数据的发展态势

在 2016 年 7 月 Gartner 公司发布的新兴技术成熟度曲线中，往年备受关注的大数据及相关技术概念并没有出现。"这些从曲线中消失的技术依然是关键，只是不再是'新兴'的技术"，Gartner公司如此解释。随着大数据相关的基础设施、产业应用和理论体系的发展与完善，大数据越来越被各界所了解，而不像原来仅是少数科技极客眼中的"新领域"。目前，大数据以爆炸式的发展速度迅速蔓延至各行各业。总体来看，大数据进入了从概念推广到应用落地的关键转折期。

1. 大数据全球战略布局全面升级

发达国家期望通过建立大数据竞争优势，巩固其在该领域的领先地位。美国作为大数据发展的策源地和创新的引领者，最早正式发布国家大数据战略。美国政府在2012年3月发布了《大数据研究和发展倡议》（*Big Data Research and Development Initiative*），将大数据提升为一种战略性资源应用在科研、工程、教育与国家安全上。该倡议一出台便得到多个联邦部门和机构的响应。随后，美国政府又在2016年5月发布《联邦大数据研究与开发战略计划》，围绕人类科学、数据共享和隐私安全等七个关键领域部署推进大数据建设的相关计划。

之后全球各国家、组织纷纷在大数据战略推进方面积极行动。以欧洲联盟（简称欧盟）为例，其在2011年发布《开放数据：创新、增长和透明治理的引擎》后，又出台了《数据驱动经济战略》，着力开展对开放数据、云计算和数据价值链等关键领域的研究。澳大利亚、英国、日本和韩国等国家也相继推出大数据战略。澳大利亚政府于2011年5月和2013年8月先后发布《国家数字经济战略报告》（*National Digital Economy Strategy*）与《澳大利亚公共服务大数据战略》（*Australian Public Service Big Data Strategy*），为国家大数据战略发展确立了基本原则与政策指导。英国的大数据战略注重强化数据分析能力，其商务、创新和技能部在2013年10月发布了《英国数据能力发展战略规划》，对数据能力的定义和优化进行了系统的研究和指导，以大数据分析为突破点，提高国家和社会的大数据研究应用水平。日本于2012年7月发布了《面向2020年的ICT综合战略》，又于2013年出台新IT战略——《创建最顶尖IT国家宣言》，以大数据应用开发为主要战略方向，通过新技术革命带动IT产业与传统产业的协调发展，助力地区联动、民本高效、安全开放的高水平信息社会建设。同处亚洲地区的韩国也积极推行了"创意经济"计划，以孵化信息通信技术与融合领域有潜力的新兴企业和项目为抓手，推动互联网相关产业的发展。早在2011年，韩国科学技术研究院就曾提出"大数据中心战略"及"构建英特尔综合数据库"等计划，设计大数据未来发展路线。2013年，韩国政府又率先宣布建设首个对社会公众开放的全行业数据中心。

对比世界各国的大数据发展战略，可以发现三个共同点：一是政府全力推动，同时引导市场力量共同推进大数据发展；二是推动大数据在政用、商用和民用领域的全产业链覆盖；三是重视数据资源开放和管理的同时，全力抓好数据安全问题。

【实施国家大数据战略，加快建设数字中国】

2. 我国加快构建大数据战略体系

我国紧跟大数据的发展趋势，在短短几年内，大数据迅速成为我国社会各领域关注的热点。我国政府高度重视将大数据作为一种前瞻领域的战略意义，

并在近几年加快推行相关政策的制定和实施工作，启动促进大数据发展的数据强国计划。

2015年8月，国务院发布《促进大数据发展行动纲要》，提出全面推进我国大数据的发展和应用，加快建设数据强国；同年10月，中国共产党第十八届中央委员会第五次全体会议将"大数据"写入会议公报并升级为国家战略；2016年3月，国家在出台的"十三五"规划纲要中再次明确了大数据作为基础性战略资源的重大价值，提出要加快推动相关研发、应用及治理；2017年1月，《大数据产业发展规划（2016—2020年）》正式发布，全面制订了未来五年的大数据产业发展计划，为"十三五"时期大数据产业的持续健康发展确立了目标与路径。

2021年12月，工业和信息化部发布《"十四五"大数据产业发展规划》，提出，到2025年，大数据产业保持高速增长，价值体系初步形成，产业基础持续夯实，产业链稳定高效，产业生态良性发展，创新力强、附加值高、自主可控的现代化大数据产业体系基本形成。其中，大数据产业测算规模突破3万亿元，年均复合增长率保持在25%左右。

3. 地区大数据发展格局初步形成

在《促进大数据发展行动纲要》发布之前，广东、上海、贵州等地率先开展了大数据地方政策的先行先试。广东省经济和信息化委员会在2012年底拟定了到2020年完成"智慧广东"基本建设的构想，并将其写入《广东省实施大数据战略工作方案》。上海市科学技术委员会在2013年7月12日编制发布了《上海推进大数据研究与发展三年行动计划（2013—2015年）》，为该市大数据发展确立了具体目标及若干保障措施与推进机制。2014年2月25日，贵州省政府印发了《关于加快大数据产业发展应用若干政策的意见》和《贵州省大数据产业发展应用规划纲要（2014—2020年）》，提出了大数据产业的三阶段发展路径。而在《促进大数据发展行动纲要》发布后，各地政府加快跟进。截至2017年2月，全国有28个省、自治区、直辖市出台了与大数据相关的政策文件。

2016年2月25日，贵州获批设立全国首个大数据综合试验区。同年10月8日，包括京津冀、珠江三角洲、上海、河南、重庆、沈阳及内蒙古在内的七个国家大数据综合试验区建设方案获批。第二批获批的大数据综合试验区分为跨区域类、区域示范类及大数据基础设施统筹发展类。在这两批次的试验区建设中，各地探索和总结的经验做法将对东、中、西和东北四个区域的大数据发展起到辐射带动作用，同时对各地区的数据共享、大数据产业发展工作极具参考价值。

经过几年的探索与实践，地区大数据发展的梯次格局初步显现。北京、广东、上海等东部发达地区产业基础完善、人才优势明显，成为发展的核心地区；而地处西部欠发达地区的贵州、重庆等地，通过战略创新形成先发优势，政府积极实施政策引导，引进大数据相关产业、资本与人才，也在区域竞争格局中占据一席之地。

1.3.2 我国大数据发展面临的问题与挑战

在我国信息化建设中，大数据的收集、储存、分析、应用能力不断提高。在"十二五"期间，全国共完成300个左右的智慧城市试点探索，取得了傲人的成绩，但同时我国大数据的发展面临着以下问题与挑战。

1. 部分领域建设过热

目前，我国地方政府在发展大数据的过程中存在一些超前建设、发展结构不合理的问题。相关数据显示，我国在 2013 年规划建设了 255 个数据中心，其硬件设施占用面积超过 400 万平方米。盲目扎堆建设大数据中心已成为突出问题，许多城市至少拥有两个数据中心，个别城市建设了五个以上，数量过剩问题明显。大量建设数据中心并没有发挥应有的作用，中华人民共和国工业和信息化部调查显示，2014 年新建的中小型数据中心的投产率为 40%，大型数据中心为 21.5%，而超大型数据中心仅为 1.8%。从投资结构来看，各地建设还存在着"重建设，轻应用；重硬件，轻软件"的问题。根据国家信息中心和南海大数据应用研究院联合发布的《2017 中国大数据发展报告》显示，在政府投资项目中，平台建设类占领域投资的 35.90%，基础设施建设占 35.33%，上述两类建设的占比就超过了 70%，而购买服务类为 23.93%，应用软件开发仅为 4.84%。许多地方政府错误地将"发展大数据"与"建设大数据中心"画等号，忽视了大数据是一个以应用为主的产业，其核心价值是挖掘提取数据价值，其发展的关键在于应用实践。

2. 数据开放进展滞后

我国在数据资源开放进程中，在开放范围、开发利用模式和标准等方面存在不足。

(1)我国数据开放总体水平较低，数据开放工作质量差。开放数据质量不达标的问题突出，很多网站虽然提供了数据，但大多是图片形式，既没有下载入口也不支持机器可读，同时缺乏必要的说明。因此，如何处理规模庞大的非结构数据并提供可信的资料来源，是政府数据开放所面临的重要课题之一。

(2)地方开放数据工作积极性不高，相关政策落实不到位。据不完全统计，目前仅上海、广州、贵阳等地出台了明确的数据开放政策文件，而在其他大部分省市，有关数据开放工作多存在于智慧城市或与大数据相关的文件中，较少有地方专门公开发布针对数据开放的文件。

目前数据资源开放还存在其他若干问题：已开放的数据质量参差不齐、绝大部分不支持机器可读、数据更新滞后；数据资源开发利用内容和方式单一，扩大开放的范围不大，需加快开放经济价值高、社会需求大的数据资源；社会环境建设不足，公众缺乏对数据开放(即数据消费)方面的认知。

3. 制度建设尚不完善

我国高度重视大数据发展与应用，目前已出台很多国家级文件，涵盖制造业、金融业和物流业等 30 多个行业及政务公开、审计、简政放权等 25 个重点领域。但同时，我国大数据发展过程中也存在具体实践路径不清晰、对大数据发展应用的要求模糊、相关生态系统打造不完善和区域特色化发展不足等政策落实问题。

(1)完善相关法律制度是当前最急切的问题。当下数据权属界定越来越重要，从个人角度，大数据的应用对公众隐私保护提出了巨大挑战，个人信息保护形势严峻；从企业角度，数据资产所有权与使用权还处在模糊地带，相关资产与交易行为未得到规范；从国家角度，数据空间成为新领域，政府迫切需要对跨境数据的流通进行管理，对涉及国家机密与经济安全的数据进行保护。目前，当务之急是需要出台并完善《数权法》，为数

据交易、个人隐私保护提供法律保障。

（2）我国大数据领域还缺乏较完善的行业监管机制。在标准化方面，数据开放共享、交易、安全、系统级产品、管理及评估类的标准较缺乏，整体规划需要完善。因此，亟待从国家层面制定并完善大数据标准和规范，完善大数据标准的应用环境。

4．安全管理存在漏洞

数据安全是大数据发展制度建设的突出问题，目前我国信息安全和数据管理体系仍不健全，没有建立起兼顾安全与发展的数据管理保障体系。因此，提出以下两点建议。

（1）构建动态的风险监控与防范机制。在标准体系方面，要加快数据质量、数据安全评估等标准研究的工作；在安全监管方面，要加强对跨境数据的监控，增加安全应用研发的激励机制；在安全保障方面，要建立个人数据泄露后的问责和赔偿机制。

（2）推动第三方的个人信息保护认证监督工作。世界各国对个人信息保护工作高度重视，多年来美国已形成了完善的行业自律体系与市场认证机制；欧盟国家都专门设立了数据保护局，负责个人数据的保护工作，以及相关的审批、检查与处罚工作；而我国尚未成立监督保护个人数据的专门机构。除此之外，地方政府应积极推动第三方的个人信息保护认证监督工作，发挥中立机构和市场的力量，更好地监督标准、规范和法规的执行。

5．人才资源储备不足

人才供给不足是大数据产业发展所必须解决的关键问题。据麦肯锡分析研究，2018年，美国在"深度分析"方面面临 14 万～19 万人的人才缺口；在"能够分析数据帮助公司做出商业决策"方面面临 150 万人的人才缺口。而我国大数据应用需求同样旺盛，根据中国商委会数据分析部统计，我国大数据市场未来将面临 1400 万人的人才缺口。另外，我国大数据人才资源存在结构不平衡的问题，主要体现在以下两个方面。

（1）岗位供需不均衡。国家信息中心统计数据显示，大数据领域数据分析等技术类岗位供不应求，招聘岗位在行业中的占比为 51.62%，求职人数仅占行业的 37.76%；而项目管理类岗位则出现了供给过热的现象，需求和求职人口分别占全行业的 1.49% 和 21.31%。

（2）地域供需不均衡。受社会大环境的影响，北京、上海、广州、深圳等地区人才供给过多，而贵阳、合肥、天津等大数据市场活跃的地区人才供应不足。

1.3.3　大数据的应用

近年来，"用数据说话、用数据决策、用数据管理、用数据创新"的共识逐步达成，大数据的应用已经涉及生活中的各个重要领域。我国在推进标准先行的基础上，促使大数据的应用范围逐步扩大、应用程度逐渐加深，尤其在金融、互联网、生物医学、物流及公共等领域应用效果不断显现。

金融行业在长期的业务开展过程中积累了海量的数据，这些数据蕴含着珍贵的信息价值，通过应用大数据技术可以将这些价值充分挖掘出来。面对种类如此繁多且数量庞大的数据，金融行业应该最大限度地利用大数据技术进行数据分类、整合、分析和应用，以增加业务产出。

相对于传统的小数据商业模式来说，海量的数据已经成为当今电子商务非常具有优势和商业价值的资源。电子商务企业记录着所有注册用户的浏览信息、消费记录、用户对商品的评价、产品交易量、库存量和商家的信用信息。也就是说，大数据贯穿了电子商务的整个生命周期，能否提高企业的竞争力很大程度上依赖于大数据技术的应用程度。

大数据在生物医学领域也得到了广泛的应用和认可。在流行病预测方面，大数据使人类在公共卫生管理领域迈上了一个新的台阶；在智慧医疗方面，大数据技术可以让患者体验"一站式"医疗、护理和保险服务；在生物医学方面，大数据使得利用数据科学知识分析生物学过程成为可能。

【大数据医疗的五大方向】

在物流领域，大数据技术使物流智能化，省去了很多机械的人力工作，大大提升了物流系统的效率和效益；在汽车行业，"无人汽车"和车联网保险精准定价的出现，让车主可以获得更加贴心的服务；在公共安全领域，借助大数据可以更好、更快地应对突发事件，以保证社会和谐稳定。

知识拓展

国家数据局成立

2023年3月，中共中央、国务院印发了《党和国家机构改革方案》，决定组建国家数据局。国家数据局的主要职责是，负责协调推进数据基础制度建设，统筹数据资源整合共享和开发利用，统筹推进数字中国、数字经济、数字社会规划和建设等，由国家发展和改革委员会管理。

随着信息技术的快速发展，数据已经快速融入生产、分配、流通、消费和社会服务管理等各个环节，数据对人民生活也有很大帮助。在数据资源成为与土地、资本等同等重要的生产资源时，数据资源也面临分散在各个机构，各政府单位，各个企业等不同主体之间以及管理职能被分散在多个政府部门的问题。此外，过去一些地方政府虽然拥有大量数据，也成立了省、市级的大数据局，但数据资源的使用还有待深化。更重要地是，碎片化的省、市级的数据也不利于建立全国统一大市场。而国家数据局的成立就能够统筹协调，打通各个数据孤岛，用具有前瞻性、创新性的方式把各方面的力量整合起来。

第一，推进数据基础制度的建设，因为数据资源本身涉及大量个人信息，企业信息和政府信息等，存在使用安全的问题，要有很好的收集和使用制度来保证。第二，统筹数据资源整合共享和开发利用；数据是要被大规模使用后才能成为资源、成为生产要素，让数据能够共享共用，发挥其重要的作用。第三，统筹推进数字中国、数字经济、数字社会规划和建设等，让我国的数据要素的使用上更高的层次。

总之，国家数据局的设置意味着我国数字经济将迎来发展新机遇，步入快速、有序发展的轨道。

小　　结

本章首先从互联网的三次浪潮和大数据的变革思维两方面介绍了大数据的背景，分析了大数据的结构类型，并简要介绍了大数据的关键技术，包括大数据采集、预处理及存储与管理等；然后从大数据产业生态商业角色构成和产业生态商业模式两方面介绍了

大数据的核心产业链，阐述了我国大数据当前的发展态势和面临的问题与挑战；最后概述了大数据在金融、互联网、生物医学、物流及公共安全等领域的应用。

关键术语

(1)大数据　　　(2)第三次浪潮　　　(3)数据结构　　　(4)核心产业链
(5)大数据采集　　(6)数据挖掘

习　题

1. 选择题

(1)下列数据存储单位换算关系不正确的是(　　)。

    A. 1ZB＝1024PB   B. 1KB＝1024B

    C. 1TB＝1024GB   D. 1PB＝1024TB

(2)以下(　　)不是大数据的特征。

    A. 数据量大   B. 数据类型繁多

    C. 处理速度快   D. 价值密度高

(3)大数据的结构类型包括(　　)。

    A. 结构化   B. 半、准结构化

    C. 非结构化   D. 以上全部

(4)关系型数据库包括 NewSQL 和(　　)。

    A. MySQL   B. NoSQL

    C. 传统关系型数据库   D. 非关系型数据库

(5)以下(　　)不属于大数据产业生态商业角色。

    A. 大数据产出者   B. 大数据产品提供者

    C. 大数据服务提供者   D. 大数据开发者

(6)我国大数据的发展面临的问题包括(　　)。

    A. 部分领域建设过热   B. 数据开放进展滞后

    C. 制度建设尚不完善   D. 以上全部

2. 判断题

(1)大数据就是量比较大的数据。 (　　)

(2)大数据的特征有数据量大、数据类型繁多、处理速度快和价值密度高。 (　　)

(3)大数据的结构分为结构型和非结构型。 (　　)

(4)大数据是在线的，可以随时调用和计算。 (　　)

(5)大数据最核心的价值是对海量的数据进行存储和分析。 (　　)

(6)我国大数据在诸多重要领域的发展都处于世界领先地位。 (　　)

3. 简答题

(1)简述大数据时代人的三种思维转变。

(2)大数据的4V特征是什么？

（3）简述大数据的关键技术。

（4）简述大数据产业生态商业角色的构成。

（5）我国大数据发展面临着哪些方面的问题与挑战？

（6）目前主要在哪些领域应用大数据？

【第1章 习题答案】

第2章
大数据的采集和预处理

本章教学要点

知 识 要 点	掌 握 程 度	相 关 知 识
大数据的采集来源	熟悉	商业数据、互联网数据、物联网数据
大数据的采集方法	掌握	系统日志采集方法、网络数据采集方法
Apache Flume 采集平台	熟悉	Apache Flume 的结构
大数据的预处理技术	掌握	数据清洗、数据集成、数据变换和数据归约
数据仓库	了解	数据仓库的概念、组成和数据模型
ETL	了解	ETL 及其常用的工具

大数据环境下，数据的种类非常多，存储和处理的难度大，对数据表达提出了很高的要求。为此，必须在数据的源头（即数据采集）把好关，其中数据源的选择和原始数据的采集方法是大数据采集的关键。对采集到的原始数据进行分析挖掘之前，需要先对其进行清洗、集成、变换和归约，以达到用挖掘算法获取知识所要求的最低标准。

2.1　大数据的采集

数据采集是大数据技术体系中至关重要的一项技术，涉及不同的采集来源、方法和平台，采集的数据质量直接决定了大数据预处理的难度和工作量。互联网数据是数据采集的主要来源之一，其通常使用网络数据采集方法进行采集。大数据采集平台的选择取决于数据本身的结构和数据量，合理选择采集平台可以在很大程度上提高数据采集的效率和质量。

2.1.1　大数据的采集来源

大数据的三大主要来源为商业数据、互联网数据和物联网数据。其中，商业数据来自企业 ERP、各种 POS 终端及网上支付等业务系统；互联网数据来自通信记录及 QQ、微信、微博等社交媒体；物联网数据来自射频识别（RFID）装置、全球定位设备、传感器设备和视频监控设备等。

1. 商业数据

商业数据是指来自企业 ERP、各种 POS 终端及网上支付等业务系统的数据,是现在最主要的数据来源渠道。世界上最大的零售商——沃尔玛公司每小时收集 2.5PB 数据,存储的数据量是美国国会图书馆的 167 倍。沃尔玛公司详细记录了消费者的购买清单、消费额、日期和当日天气,通过对消费者的购物行为等非结构化数据进行分析,可以发现商品关联,并优化商品陈列。沃尔玛公司不仅采集这些传统商业数据,还将数据采集的触角伸到社交网络数据。当用户在 Facebook 和 Twitter 谈论某些产品或者表达某些喜好时,这些数据都会被沃尔玛公司记录下来并加以利用。亚马逊拥有全球零售业最先进的数字化仓库,通过对数据的采集、整理和分析,可以优化产品结构,实现精准营销和快速发货。另外,亚马逊的 Kindle 电子书中积累了上千万本图书的数据,并完整记录着读者对图书的标记和笔记,若加以分析,亚马逊就可以从中得到读者感兴趣的内容,从而为读者推荐更加贴合其需求的图书。

2. 互联网数据

互联网数据是指网络空间交互过程中产生的大量数据,包括通信记录及 QQ、微信、微博等社交媒体产生的数据,数据复杂且难以被利用。社交网络中记录的数据大部分是用户的当前状态信息,包括用户的年龄、性别、所在地、教育背景、职业和兴趣等。正因如此,互联网数据具有大量化、多样化、快速化等特点。

(1)大量化。在信息化背景下,网络空间数据增长迅猛,数据集合规模已实现从 GB 级到 PB 级的飞跃,互联网数据则为 ZB 级,在未来互联网数据的发展中还将实现近 50 倍的增长,服务器数量也必将随之增长,以满足大数据存储的需求。

(2)多样化。互联网数据的类型很多,如结构化数据、半结构化数据、准结构化数据和非结构化数据。互联网数据中的非结构化数据正在飞速增长,据相关调查统计,2012 年年底非结构化数据在网络数据总量中占 77% 左右,如今这个比率更大。非结构化数据的产生与社交网络及传感器技术的发展有直接联系。

(3)快速化。一般情况下,互联网数据以数据流的形式快速产生,且具有动态变化的特征,其时效性要求用户必须准确掌握互联网数据流才能更好地利用这些数据。

互联网是大数据信息的主要来源,能够采集什么样的信息、采集到多少信息及哪些类型的信息,直接影响着大数据应用功能的发挥效果。而采集信息数据需要考虑采集量、采集速度、采集范围和采集类型。信息数据的采集速度可以达到秒级以上,采集范围涉及微博、论坛、博客、新闻网、电商网站和分类信息网站等各种网页,采集类型包括文本、数据、URL、图片、视频和音频等。

3. 物联网数据

物联网是指在计算机互联网的基础上利用 RFID 装置、传感器、红外感应器和无线数据通信等技术,实现物物相联的互联网络。主要涵盖两个方面内容:一是物联网的核心和基础仍是互联网,是在互联网的基础上延伸和扩展的一种网络;二是其用户端延伸和扩展到了不同物品与物品之间的信息交换。物联网是一种通过 RFID 装置、传感器、红外感应器、全球定位系统、激光扫描器等信息传感设备,按约定的协议将不同物品与互联

网联接起来，以进行信息交换和通信，从而实现智慧化识别、定位、跟踪、监控和管理的网络体系。

物联网数据是除了人和服务器之外，在 RFID、物品、设备、传感器等节点产生的大量数据，包括 RFID 装置、音频采集器、视频采集器、传感器、全球定位设备、办公设备、家用设备和生产设备等产生的数据。物联网数据的主要特点如下。

（1）物联网中的数据量更大。物联网的主要特征之一是节点的海量性，其数量规模远大于互联网；物联网节点的数据生成频率远高于互联网，传感器节点多数处于全时工作状态，数据流是持续的。

（2）物联网中的数据传输速率更高。由于物联网与真实物理世界直接关联，很多情况下需要实时访问、控制相应的节点和设备，因此需要更高的数据传输速率来支持。

（3）物联网中的数据更加多样化。物联网的应用范围广泛，包括智慧城市、智慧交通、智慧物流、商品溯源、智能家居、智慧医疗和智能安防等，在不同领域和行业需要面对不同类型的应用数据，因此物联网的数据多样性更突出。

（4）物联网对数据真实性的要求更高。物联网是真实物理世界与虚拟信息世界的结合，其对数据的处理和基于此进行的决策将直接影响物理世界，因此物联网数据的真实性显得尤为重要。

以智能安防应用为例，智能安防行业已从大面积监控布点转变为注重视频智能预警、分析和实战，利用大数据技术在海量的视频数据中进行规律预测、情境分析、串并侦查和时空分析等。在智能安防领域，数据的产生、存储和处理是智能安防解决方案的基础，只有采集足够有价值的安防信息，才能通过大数据分析及综合研判模型制定智能安防决策。所以在信息社会中，几乎所有行业的发展都离不开大数据的支持。

2.1.2 大数据的采集方法

研究大数据的前提是高效地获取大数据。获取大数据的方法有很多，如制作网络爬虫从网站上采集数据、从 RSS 反馈或者从 API 中得到数据、从接收设备发送过来实测数据等。为了提高数据采集的效率，还可以使用公开可用的数据源。常用的数据采集方法有如下几种。

1. DPI 采集方法

用 DPI 采集方法采集的数据大部分是"裸格式"的数据，即数据未经过任何处理，可能包括超文本传输协议（Hyper Text Transport Protocol，HTTP）、文件传输协议（File Transfer Protocol，FTP）和简单邮件传输协议（Simple Message Transfer Protocol，SMTP）等数据，数据来源于 QQ、微信和其他社交媒体的数据，或来自爱奇艺、腾讯视频和优酷等视频提供商的数据。DPI 数据采集软件主要部署在骨干路由器上，用于采集底层的网络大数据。目前有一些可用来分析 DPI 采集到的数据的开源工具，如 nDPI 等。

2. 系统日志采集方法

很多企业有自己的业务管理平台，它们每天会产生大量的日志数据。日志采集系统的主要功能就是收集业务日志数据，为决策者提供在线和离线分析功能。这种日志采集软件必须具备高可用性、高可靠性和高可扩展性等基本特性，并且能满足每秒数百兆字节的日志数据采集和传输需求，如 Apache 的 Chukwa、Cloudera 的 Flume、Facebook 的 Scribe，这三种日志采集系统的对比见表 2.1。

表 2.1 三种日志采集系统的对比

日志采集系统	Chukwa	Flume	Scribe
公司	Apache	Cloudera	Facebook
开源时间	2009.11.	2009.7.	2008.10.
实现语言	Java	Java	C/C++
容错性	代理定期向收集器发送数据偏移量，一旦发生故障，可以根据偏移量继续发送数据	代理和收集器之间均有容错机制，并提供三种基本的可靠性保证机制	收集器和储存之间有容错机制，而代理和收集器之间的容错需要自己实现
负载均衡	无	使用 ZooKeeper	无
可扩展性	好	好	好
代理	自带一些代理，如获取 Hadoop 日志的代理	提供多种代理	Thrift Client 需要自己实现
收集器	合并多个数据源发送过来的数据，然后加载到 HDFS 中，隐藏 HDFS 实现的细节	系统提供很多收集器，可以直接使用	实际上是一个 Thrift Server
存储	直接支持 HDFS	直接支持 HDFS	直接支持 HDFS
总体评价	属于 Hadoop 系列产品，直接支持 Hadoop，有待完善	内置组件齐全，不必进行额外开发即可使用	设计简单，易于使用，但是容错性和负载均衡方面不够理想，且资料较早

3. 网络数据采集方法

网络数据采集方法主要针对非结构化数据的采集，是指通过网络爬虫或网站公开应用程序接口（Application Program Interface，API）等方式从网站上获取数据信息。该方法可以将非结构化数据从网页中抽取出来，将其存储为统一的本地数据文件，并以结构化的方式存储。它支持图片、音频和视频等文件或附件的采集，附件与正文可以自动关联。用该方法进行数据采集和处理的基本步骤如图 2.1 所示。

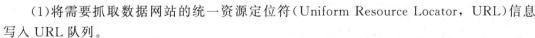

【网络数据采集之爬虫】

（1）将需要抓取数据网站的统一资源定位符（Uniform Resource Locator，URL）信息写入 URL 队列。

（2）爬虫从 URL 队列中获取需要抓取数据网站的 Site URL 信息。

（3）爬虫从 Internet 抓取对应网页内容，并抽取其特定属性的内容值。

（4）爬虫将从网页中抽取的数据写入数据库。

（5）DP(Data Process)读取 Spider Data，并进行处理。

（6）DP 将处理后的数据写入数据库。

目前网络数据采集的关键技术是链接过滤，其实质是判断当前链接是否在已经抓取过的链接集合中。在采集网页大数据时，可以采用布隆过滤器过滤链接。

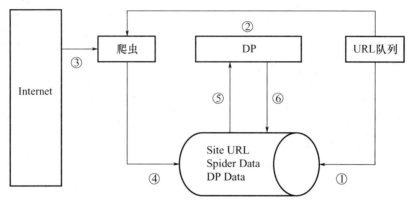

图 2.1　用网络数据采集方法进行数居采集和处理的基本步骤

4. 数据库采集方法

一些企业使用传统关系型数据库 MySQL 和 Oracle 等存储数据。除此之外，Redis 和 MongoDB 等 NoSQL 数据库也常用于数据的采集。使用数据库采集方法时，通常在采集端部署大量数据库，并思考和设计如何在这些数据库之间进行负载均衡和分片。

5. 其他数据采集方法

企业生产经营数据或学科研究数据等对保密性要求比较高的数据，可以通过与企业或研究机构合作，使用特定的系统接口采集。尽管大数据技术层面的应用无限广阔，但由于受到数据采集的限制，能够用于商业应用和服务于人们的数据远远少于理论上能够采集和处理的数据。因此，解决大数据的隐私问题是数据采集技术的重要目标之一。现阶段医疗机构的数据更多来源于内部，外部数据没有得到很好的应用，医疗机构可以考虑借助百度、阿里巴巴、腾讯等第三方数据平台解决外部数据采集难题。例如，百度推出的疾病预测大数据产品，可以对全国不同的区域进行全面监控，智能化地列出某一地级市或某区域的流感、肝炎和肺结核等常见疾病的活跃度、趋势图等，进而有针对性地进行预防，从而降低染病的概率。

【六款大数据采集平台的架构分析】

2.1.3　大数据的采集平台

随着数据呈爆炸式的增长，采集工作面临的挑战日益增大，这就要求采集平台具有高可靠性和高扩展性。常用的大数据采集平台如下。

1. Apache Flume

Apache Flume 是 Apache 旗下的一款开源、高可靠、高扩展、易管理和支持客户扩展的数据采集平台。它使用 JRuby 构建，所以依赖 Java 运行环境，其最初是由 Cloudera

的工程师设计用来合并日志数据的系统，后来逐渐发展到用于处理流数据事件。Apache Flume 的结构是一个分布式的管道，可以看作在数据源和数据结果之间有一个 Agent 的网络，支持数据路由，每一个 Agent 都由 Source、Channel 和 Sink 组成。Apache Flume 的结构如图 2.2 所示。

【基于大数据的 Flume 实时数据采集平台】

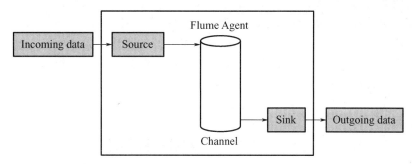

图 2.2　Apache Flume 的结构

2. Fluented

Fluentd 也是开源的数据采集平台，是用 C/Ruby 语言开发的，使用 JS 对象简谱（Java Script Object Notation，JSON）文件来统一日志数据。Fluentd 的可插拔架构支持不同种类、不同格式的数据源和数据输出，同时具备高可靠性和很好的扩展性。Fluentd 从各方面看都很像 Apache Flume，它的 Input、Buffer 和 Output 与 Apache Flume 的 Source、Channel 和 Sink 十分类似。两者的区别是 Fluentd 使用 C/Ruby 语言开发，封装小一些，但是也带来了跨平台的问题，不支持 Windows 平台。

3. Logstash

著名的开源数据栈 ELK（ElasticSearch，Logstash，Kibana）中的 L 就代表 Logstash。Logstash 是用 JRuby 语言开发的，运行时依赖 Java 虚拟机（Java Virtual Machine，JVM）。在大部分情况下，ELK 作为一个栈使用，所以当一个数据系统使用 ElasticSearch 时，Logstash 是不二之选。

4. Splunk Forwarder

在商业化的大数据平台产品中，Splunk Forwarder 可以很好地支持数据采集、存储、分析和可视化等全生命周期的工作。它是一个分布式机器数据平台，主要有如下三个角色。

（1）Search Head：负责数据的搜索和处理，提供搜索时的信息抽取。

（2）Indexer：负责数据的存储和索引。

（3）Forwarder：负责数据的采集、清洗、变形，并发送给 Indexer。

Splunk Forwarder 支持 Syslog、TCP/UDP、Spooling，用户可以通过开发 Input 和 Modular Input 来获取特定的数据。在 Splunk Forwarder 提供的软件仓库里有很多成熟的数据采集应用，如亚马逊云服务（AWS）、数据库（DBConnect）等，可以方便地从云或者数据库中获取数据进入 Splunk Forwarder 的数据平台，以方便进行数据分析。

5. Chukwa

Chukwa 是 Apache 旗下另一个开源的数据收集平台，是基于 Hadoop 的 HDFS 和 MapReduce 来构建的，具有扩展性和可靠性。Chukwa 支持对数据的展示、分析和监视，其主要单元有 Agent、Collector、DataSink、Archive Builder 和 Demux 等。

以上介绍的五种大数据采集平台几乎都可以达到高可靠和高扩展的性能要求，均抽象出了输入、缓冲和输出的架构，利用分布式网络进行连接，其中 Flume 和 Fluentd 应用较多。如果使用 ElasticSearch，由于 ELK 栈有着良好的集成优势，所以 Logstash 是最佳选择。由于项目不活跃，Chukwa 和 Scribe 的使用度不高。Splunk 作为一款优秀的商业产品，可以支持数据采集、数据存储、数据分析和数据可视化全过程工作，但其数据采集功能还存在一定的限制，有待于优化。

【数据预处理】

2.2 大数据的预处理技术

要对海量的数据进行有效的分析，应该将来自前端的数据导入到一个集中的大型分布式数据库或者分布式存储集群中，并且在导入的基础上做一些简单的清洗和预处理工作。导入与预处理过程的特点是导入的数据量大，通常用户每秒的导入量可达到百兆甚至千兆级别。大数据的多样性给数据分析和处理带来了极大的困难，对大数据进行预处理可以将复杂的数据转换为单一的或便于处理的数据，为以后的数据分析打下良好的基础。大数据预处理技术主要包括数据清洗、数据集成、数据变换和数据归约。

2.2.1 数据清洗

数据清洗是汇聚多个维度、来源和结构的数据之后，对数据进行抽取、转换和集成加载的过程。在这个过程中，除了更正、修复系统中的一些错误数据，更多的是对数据进行归并整理，并将其存储到新的介质中。常见的数据质量问题可以根据数据源的多少和所属层次分为以下四类。

(1)单数据源的定义层。违背字段约束条件(如日期出现 1 月 0 日)、字段属性依赖冲突(如两条记录描述同一个人的某一个属性，但数值不一致)、违反唯一性(如相同主键 ID 出现多次)。

(2)单数据源的实例层。单个属性值含有过多信息、拼写错误、空白值、噪声数据、数据重复、过时数据等。

(3)多数据源的定义层。同一个实体的不同称呼(如笔名和真名)、同一种属性的不同定义(如字段长度定义不一致、字段类型不一致等)。

(4)多数据源的实例层。数据的维度、粒度不一致(如有的按 GB 记录存储量，有的按 TB 记录存储量；有的按照年度统计，有的按照月份统计)、数据重复和拼写错误。

此外，在数据处理过程中还会产生"二次数据"，包括噪声数据、数据重复或错误的情况。数据的调整和清洗涉及格式、测量单位和数据标准化与归一化。数据不确定性有两方面含义，即数据自身的不确定性和数据属性值的不确定性。前者可用概率描述；后者有多种描述方式，如描述属性值的概率密度函数、以方差为代表的统计值等。

对于数据质量中普遍存在的空缺值、噪声值和不一致数据，可以采用传统的统计学方法、基于聚类的方法、基于距离的方法、基于分类的方法和基于关联规则的方法等来实现数据清洗。传统数据清洗和大数据清洗方法的对比见表 2.2。

表 2.2　传统数据清洗和大数据清洗方法的对比

类型	传统数据清洗	大数据清洗			
方法	统计学	聚类	距离	分类	关联规则
主要思想	将属性当作随机变量，通过置信区间来判断值的正误	根据数据相似度将数据分组，发现不能归并到分组的孤立点	使用距离度量来量化数据对象之间的相似性	设计一个可以区分正常数据和异常数据的分类模型	定义数据之间的关联规则，不符合规则的数据被认为是异常数据
优点	可以随机选取	对多种类型的数据有效，具有普适性	比较简单易算	结合了数据的偏好性	可以发现数据的关联性
缺点	参数模型复杂时需要多次迭代	有效性高度依赖于使用的聚类方法，对大型数据集来说开销较大	如果距离比较近或平均分布，则无法区分	得到的分类器可能过拟合	强规则不一定是正确的规则

数据清洗的问题根据缺陷数据类型可分为异常记录的检测、空值的处理、错误值的处理、不一致数据的处理和重复数据的检测，其中，异常记录的检测和重复数据的检测为数据清洗的两个核心问题。

(1)异常记录的检测。包括解决空值、错误值和不一致数据的方法。

(2)空值的处理。一般采用估算方法，例如采用均值、众数、最大值、最小值和中位数填充。但估值方法会引入误差，如果空值较多，则结果偏离较大。

(3)错误值的处理。通常采用统计方法来处理，如偏差分析、回归方程、正态分布等。

(4)不一致数据的处理。主要体现为数据不满足完整性约束，可以通过分析数据字典、元数据等整理并修正数据之间的关系，不一致数据通常是由于缺乏数据标准而产生的。

(5)重复数据的检测。其算法可以分为基本的字段匹配算法、递归的字段匹配算法、Smith-Waterman 算法、基于编辑距离的字段匹配算法和改进余弦相似度函数。

2.2.2　数据集成

数据集成合并多个数据源中的数据，存放在一个数据存储(如数据仓库)中，这些数据源可能包括多个数据库、数据立方体或一般文件。进行数据集成需要注意以下三个问题。

【数据集成流程图】

(1)模式匹配。现实世界的等价实体来自多个信息源，不同实体如何才能正确匹配涉及实体识别问题，每个属性的元数据包括名字、含义、数据类型和属性的允许取值范围，以及处理空白、零或 NULL 值的空值规则。通常，数据库或者数据仓库

中的元数据可以帮助避免模式集成的错误，还可以用来帮助变换数据。

（2）数据冗余。如果一个属性能由另一个或另一组属性"导出"，那么这个属性可能就是冗余的。属性命名的不一致也可能导致数据集中的冗余。有些冗余可以被相关分析检测到，例如给定两个属性，根据可用的数据进行分析，可以度量一个属性能在多大程度上包含另一个属性。标准数据使用卡方检验，数值属性使用相关系数和协方差，它们均可评估一个属性的值如何随另一个属性的值变化。

（3）数据值冲突的检测与处理。对于现实世界的同一实体，来自不同数据源的属性值可能不同，这可能是由表示、尺度或编码等方面的差异造成的。例如，长度在一个系统中用千米衡量，在另一个系统中却用英里衡量。

2.2.3 数据变换

所谓数据变换，就是将数据转换成适合处理和分析的形式。数据变换涉及如下内容。

（1）平滑。去除数据中的噪声（运用分箱、聚类、回归等方法）。

（2）聚集。对数据进行汇总和聚集，常采用数据立方体结构，如运用 abg()、count()、sum()、min() 和 max() 等函数对数据进行操作。

（3）数据概化。使用概念分层，用更高层次的概念来取代低层次的"原始"数据。主要原因是在数据处理和分析过程中可能不需要那么细化的概念，它们的存在反而会使数据处理和分析过程花费更多时间，增大了复杂程度。例如，street 可以概化为较高层的概念，如 city 或 country。

（4）规范化。将数据按比例缩放，使之落入一个小的特定区间。

（5）属性构造。由给定的属性构造添加新的属性，以提高数据处理和分析的精度及对高维数据结构的理解。例如，根据属性 height 和 width 可以构造 area 属性。通过属性构造可以增强数据属性间的联系，有利于发现知识。

2.2.4 数据归约

因为被分析的数据对象往往比较大，分析与挖掘会特别耗时甚至不能进行，所以非常有必要对数据进行归约。通过对数据进行归约处理，可以减小对象数据集，从原有的庞大数据集中获得一个精简的数据集，并使这一精简的数据集保持原有的完整性，以提高数据挖掘的效率。数据归约的方法一般有数据立方体聚集、维归约和特征值归约。

1. 数据立方体聚集

数据立方体是一类多维矩阵，可以让用户从多个角度探索和分析数据集，通常同时考虑三个因素（维度）。当试图从一堆数据中提取信息时，需要工具来寻找有关联和重要的信息及探讨不同的情景。一份报告，无论是印在纸上还是出现在屏幕上，都是数据的二维表示，是行和列构成的表格，只需要考虑两个因素，但在真实世界中往往需要更强的工具。数据立方体是二维表格的多维扩展，如同几何学中立方体是正方形的三维扩展。"立方体"这个词让人们想起三维的物体，也可以把三维的数据立方体看作一组类似的互相叠加起来的二维表格。但是数据立方体不局限于三个维度，大多数 OLAP 系统能用多个维度构建数据立方体，例如，微软的 SQL Server 2000 Analysis Services 工具支持 64 个维度数(虽然在空间或几何范畴想象更高维度的实体还是一个问题)。在实际中,常常用多个维度来构建数据立方体,但人们倾向于一次只看三个维度。数据立方体之所以有价值,是因为人们能在一个或多个维度上给立方体做索引。图2.3为数据立方体的示例,其中存放着多维聚集信息。每个单元存放一个聚集值,对应多维空间的一个数据点。每个属性可能存在概念分层,允许在多个层进行数据分析。最底层的数据立方体称为基本方体,最高层的数据立方体称为顶点方体,不同层创建的数据立方体称为方体,每个数据立方体可以看作方体的格。

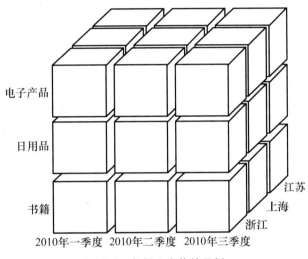

图 2.3 数据立方体的示例

通过对数据立方体进行聚集操作,可以实现数据归约。在具体操作时有多种方式,例如,既可以针对数据立方体中的最低级别进行聚集,也可以针对数据立方体中的多个级别进行聚集,从而进一步缩小处理数据的尺寸。具体操作时,应该引用适当的级别,便于解决问题。图2.4左半部分所示数据是某商场2000—2002年每季度的销售额。在对其进行分析时,可以对数据立方体进行聚集,汇总每年的总销售额,而不是每季度的总销售额。如图2.4右半部分所示,聚集后数据量明显减少,但没有丢失分析任务所需的信息。当需要查询季度销售额的总和或者年销售额时,由于有了聚集值,可以直接得到结果。

2. 维归约

人们收集到的原始数据包含的属性往往很多,但是大部分与所要开展的挖掘任务无关。例如,为了对观看广告后购买新款CD的顾客进行分类,收集大量数据,分析的内容与年龄、顾客个人喜好有关,但通常与顾客的电话号码无关。冗余属性的存在会增加处理的数据量、减慢挖掘速度。维归约是指通过删除不相关的属性来减少数据挖掘要处理的数据量的过程。例如,挖掘学生选课与所取得的成绩的关系时,学生的电话号码与挖掘任务无关,可以去掉。维归约一般可以采用属性子集选择和主成分分析法来实现。

3. 特征值归约

特征值归约又称特征值离散化技术,它将具有连续型特征的值离散化,使之成为少量的区间,每个区间映射到一个离散符号。特征值归约的优势在于简化了数据描述,易

于理解数据和最终的挖掘结果。特征值归约方法可以是有参数的，也可以是无参数的。有参数方法是指使用一个模型来评估数据，只需存放参数，而不需要存放实际数据。

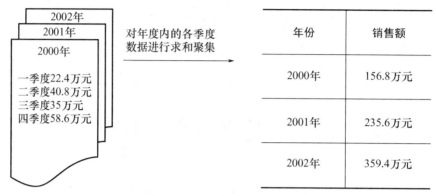

图 2.4　数据立方体的聚类

有参数的特征值归约方法有以下两种。

（1）回归：包括线性回归和多元回归。

（2）对数线性模型：类似于离散多维概率分布。

无参数的特征值归约方法有以下三种。

（1）直方图：采用分箱近似数据分布，其中 V－最优和 MaxDiff 直方图是较精确和实用的。

（2）聚类：将数据元组视为对象，将对象划分为群或聚类，使在一个聚类中的对象"类似"，而与其他聚类中的对象"不类似"。在数据归约时可用数据的聚类代替实际数据。

（3）抽样：用数据的较小随机样本表示大的数据集，如简单抽样 N 个样本（类似于样本归约）、聚类抽样和分层抽样等。

2.3　数据仓库与 ETL 工具

近些年，许多企业在建设、运行和维护事务型系统的过程中，不仅投入了大量的时间和资金，而且累积了很多难以利用的复杂数据，此时迫切需要把数据从事务型系统中抽取出来，以提高其利用率。在此趋势下，数据仓库应运而生。

2.3.1　数据仓库的组成

【数据仓库分层架构】

数据仓库是一种 OLAP 数据库，它通过 ETL（Extract-Transform-Load）从联机事务处理（On-Line Transactional Processing，OLTP）数据库中获得数据，优化整理后创建一个分析平台，根据用户需求提供不同类型的数据集合，用于数据的深度理解与分析。

数据仓库由数据仓库数据库、数据抽取/转换、元数据、访问工具、数据集市、数据仓库管理和信息发布系统七个部分组成。

（1）数据仓库数据库。是整个数据仓库环境的核心和存放数据的地方。与事务型数据库相比，其突出特点就是支持海量数据和检索速度快。

（2）数据抽取/转换。把数据从各种各样的存储中抽取出来，进行必要的转换和整理，再存放到数据仓库内。主要操作包括删除对决策没有意义的数据段、统一数据名称和定义、计算衍生数据、给缺失数据赋默认值等。

（3）元数据。描述数据仓库中的数据，是数据仓库运行和维护的中心。数据仓库服务器利用元数据来存储和更新数据，用户通过元数据来了解和访问数据。元数据是描述数据的数据，全面刻画数据的内容、结构、获取方法和访问方法等。元数据的存在是为了更有效地使用数据，元数据提供了一个信息目录，支持信息检索、软件配置、不同系统之间的数据交互等。在数据仓库系统中，元数据描述数据仓库中的数据结构和构建方法，可以帮助数据仓库管理员和数据仓库开发人员非常方便地找到所需的数据。元数据有多种分类标准，主要包括元数据的领域相关性、应用场合、具体内容和具体用途等。

① 领域相关性。与特定领域相关的元数据，描述数据在特定领域内的公共属性；与特定领域无关的元数据，描述所有数据的公共属性。与模型相关的元数据，描述信息和元信息建模过程的数据，又可进一步分为横向模型和纵向模型两类。当不同的信息模型之间进行互通时，需要模型中各个层的关联描述，横向模型关联元数据就是综合现有的两个或多个信息模型的元数据，如两个不同数据库之间的交互、从多个数据源中提取数据；当不同的层采用不同的模型时，上层是下层的结构描述，上下层之间对应关联。纵向模型关联元数据就是关联模型信息层与元信息层之间的元数据。其他元数据有系统硬件描述和软件描述及系统配置描述等。

② 应用场合。数据元数据，又称为信息系统元数据，信息系统使用元数据描述信息源，以按照用户需求检索、存取和理解源信息，保证在新的应用环境中使用信息，支持整个信息系统的演进；过程元数据，又称为软件结构元数据，是关于应用系统的信息，帮助用户查找、评估、存取和管理数据。大型软件结构中包含描述各个组件接口、功能和依赖关系的元数据，这些元数据保证了软件组件的灵活、动态配置。

③ 具体内容。内容（Content），识别、定义、描述基本数据元素，包括数据单元、合法值域等；结构（Structure），在相关范围内定义数据元素的逻辑概念集合；表达（Representation），描述每个值域学（多为技术相关）的物理表示，以及数据元素集合的物理存储结构；文法（Context），提供基础数据的族系和属性评估，包括所有与基础数据的收集、处理和使用相关的信息。

④ 具体用途。技术元数据（Technical Metadata）是存储关于数据仓库系统技术细节的数据，用于开发和管理数据仓库，保证数据仓库系统的正常运行；业务元数据（Business Metadata）是从业务角度描述数据仓库中的数据，提供介于使用者和实际系统之间的语义层，帮助数据仓库使用人员理解数据仓库中的数据。

（4）访问工具。为用户访问数据仓库提供工具支撑，如数据查询、应用开发、管理信息系统、OLAP 和数据挖掘等。

（5）数据集市。在数据仓库的实施过程中，根据主题将数据仓库划分为多个数据集市，从一个部门的数据集市着手，再用几个数据集市组成一个完整的数据仓库，有利于数据仓库的负载均衡，保证了使用效率。数据集市是为了特定的应用目的或应用范围，面向企业的某个部门

（或主题），在逻辑或物理上划分出来的数据仓库的数据子集，也可称为部门数据或主题数据。数据仓库面向整个企业的分析应用，保存了大量的历史数据。在实际应用中，不同部门的用户可能只使用其中的部分数据，顾及应用的处理速度和执行效率，可以分离出这部分数据，构建数据集市。在数据集市中，数据统一来自数据仓库，用户无须到数据仓库的全局海量数据中查询，而只需在与本部门有关的局部数据集合中查询即可。在实施不同的数据集市时，相同含义的字段定义一定要相容，这样实施数据仓库时才不会出现问题。

（6）数据仓库管理。包括安全和特权管理、更新跟踪数据、检查数据质量、管理和更新元数据、审计和报告数据仓库的使用和状态、删除数据、分发数据和存储管理等。

（7）信息发布系统。把数据仓库中的数据或其他相关数据发送到不同的地点。

2.3.2 数据仓库的数据模型

数据模型是对现实世界的一种抽象，根据抽象程度的不同，形成了不同抽象层次的数据模型。类似于关系型数据库的数据模型，数据仓库的数据模型分为概念模型、逻辑模型和物理模型。目前，对数据仓库数据模型的研究主要集中在逻辑模型。

1. 概念模型

概念模型是客观世界到计算机系统的一个中间层次，最常用的表示方法是实体-联系（Entity Relationship，ER）图。目前数据仓库一般是在数据库的基础上建立的，所以其概念模型与一般关系型数据库的概念模型一致。

2. 逻辑模型

逻辑模型是数据的逻辑结构，如关系模型和层次模型等。数据仓库的逻辑模型是多维模型，描述了数据仓库主题的逻辑实现，即每个主题对应的模式定义。数据仓库的逻辑模型分为星形模式、雪花形模式和星形-雪花形模式，三者均以事实表为中心，不同之处是外围维表之间的关系存在差异。

（1）星形模式。

星形模式的每个维度都对应一个唯一的维表，维的层次关系全部通过维表中的字段实现，所有与某个事实有关的维都通过该维度对应的维表直接与事实表关联，所有维表的主关键字组合起来作为事实表的关键字。星形模式的维表只与事实表发生关联，维表与维表之间没有任何联系。星形模式示意如图2.5所示。

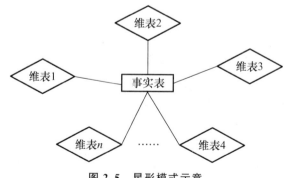

图 2.5　星形模式示意

星形模式具有如下特点。

① 维表非规范化。维表保存了该维度的所有层次信息，减少了查询时数据关联的次数，提高了查询效率，但是维表之间的数据共用性较差。

② 事实表非规范化。所有维表都直接与事实表关联，减少了查询时数据关联的次数，提高了查询效率，但是限制了事实表中关联维表的数量。关联的维表数量过多将会使数据大量冗余，同时使对事实表进行索引变得困难。

③ 维表与事实表的关系是一对多或一对一。维表中的主关键字在事实表中作为外关键字存在，如果维表与事实表之间是多对多的关系，则不能直接采用星形模式，必须对维表或者事实表进行处理，如对维表中的成员组合进行编码或者在事实表中加入新的字段，都要求成员的组合数量固定。如果数量不固定，同时维表的数据量又很大，则实现星形模式较困难。

(2)雪花形模式。

星形模式通过主关键字和外关键字把维表和事实表联系在一起。事实上，维表只与事实表关联是规范化的结果。如果将经常合并在一起使用的维度规范化，星形模式就扩展为雪花形模式。

雪花形模式将维表规范化，原有的维表被扩展为小的事实表，用不同维表之间的关联实现维的层次。它把细节数据保留在关系型数据库的事实表中，聚合后的数据也保存在关系型数据库中，需要更多的处理时间和磁盘空间来执行一些专为多维数据库设计的任务。雪花形模式示意如图 2.6 所示。

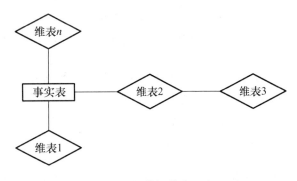

图 2.6 雪花形模式示意

雪花形模式具有如下特点。

① 维表的规范化实现了维表重用，简化了维护工作。但是，查询时使用雪花形模式要比星形模式进行更多的关联操作，反而降低了查询效率。

② 在雪花形模式中，有些维表并不直接与事实表关联，而是与其他维表关联，特别是派生维和实体属性对应的维，这样就减少了事实表中的一条记录。因此，当维度较多特别是派生维和实体属性维较多时，适合使用雪花形模式。但是，当按派生维和实体属性维进行查询时，首先要进行维表之间的关联，然后与事实表关联，因此其查询效率低于星形模式。

③ 用雪花形模式可以实现维表与事实表之间多对多的关系。

（3）星形-雪花形模式。

由以上描述可见，星形模式结构简单、查询效率高，但维表之间的数据共用性差，限制了事实表中关联维表的数量；雪花形模式通过维表的规范化，增强了维表的共用性，但查询效率低。二者各有优缺点，却可以在一定程度上互补。例如，电信业务中，基站和受理点两个维的层次关系分别是"地市—区县—基站"和"地市—区县—受理点"，两个维度中都有地市和区县。星形模式把地市和区县分别保存在两个维表中，同一信息在基站和受理点之间的统一需要通过人力维护，而雪花形模式可以通过共用维表轻易地解决这个问题。因此，在实际应用中，经常综合使用星形模式和雪花形模式，即星形-雪花形模式。星形-雪花形模式是星形模式和雪花形模式的结合，在使用星形模式的同时，可将其中的一部分维表规范化，提取一些公共的维表，这样就打破了星形模式只有一个事实表的限制，而且这些事实表共享全部或部分维表，既可保证较高的查询效率，又可简化维表的维护。星形-雪花形模式示意如图 2.7 所示。

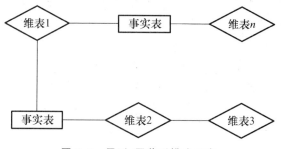

图 2.7　星形-雪花形模式示意

3. 物理模型

物理模型是逻辑模型的具体实现，如物理存取方式、数据存储结构、数据存放位置和存储分配等。在设计数据仓库的物理模型时，需要考虑提高性能的技术，如表分区、建索引等。

【ETL 简介】

2.3.3　常用的 ETL 工具

ETL 是数据抽取、转换和装载的过程，负责完成数据从数据源向目标数据仓库的转化，即用户从数据源抽取所需的数据，经过数据清洗，按照预先定义的数据仓库模型，最终将数据加载入数据仓库。ETL 的过程如图 2.8 所示。应用和系统环境的不同决定了数据 ETL 特点的不同，ETL 维系着数据仓库中数据的更新，而数据仓库日常的大部分管理和维护工作就是保持 ETL 的正常和稳定。

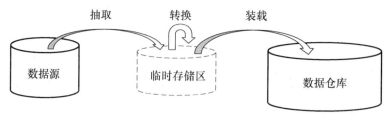

图 2.8　ETL 的过程

常见的开源 ETL 工具如下。

1. Apache Camel

Apache Camel 是一个非常强大的基于规则的路由和媒介引擎，提供了一个基于简单的 Java 对象(Plain Ordinary Java Object，POJO)的企业集成模式(Enterprise Integration Patterns)的实现，可以采用其异常强大且十分易用的 API［可以说是一种 Java 的领域特定语言(Domain Specific Language)］来配置其路由或者中介的规则。通过这种领域特定语言，可以在 IDE 中用简单的 Java 代码写出一个性能安全并具有一定智能的规则描述文件。Apache Camel 使用 URI 直接与任意类型的传输或消息传递模型(如 HTTP、ActiveMQ、JMS、JBI、SCA、MINA 或 CXF)及可插入的组件和数据格式选项一起工作。Apache Camel 是一个小型库，具有最低的依赖性，可以轻松嵌入任意 Java 应用程序中。无论使用哪种传输方式，Apache Camel 都允许用户使用相同的 API 工作，因此只需学习一次 API，即可与开箱即用的所有组件进行交互，可操作性很强。

2. Apache Kafka

Apache Kafka 是一个开源的消息系统项目，用 Scala 语言编写，为处理实时数据提供了一个统一、高通量和低延时的平台，具有如下特性。

(1)通过 O(1)的磁盘数据结构保持消息的持久化，即使用这种结构存储 TB 级的消息，也能够保持长时间的稳定性。

(2)高吞吐量：即使是非常普通的硬件，Apache Kafka 也可以支持每秒数十万的消息。

(3)支持通过 Apache Kafka 服务器和消费机集群来分区消息。

(4)支持 Hadoop 并行数据加载。

3. Apatar

Apatar 是用 Java 语言编写的，是一个开源的 ETL 项目。其模块化的架构提供可视化的 Job 设计器与映射工具，支持所有主流数据源，提供灵活的基于 GUI、服务器和嵌入式的部署选项。它具有符合 Unicode 的功能，可用于跨团队集成数据、填充数据仓库与数据市场，在少量甚至没有代码的情况下进行维护工作。

4. Heka

Mozilla 发布的 Heka 是一个用来收集和整理来自多个不同数据源的数据的工具，对数据进行收集和整理后，将结果报告发送到不同的目标进行进一步分析。Heka 是一个高可扩展的数据收集和处理工具，它的可扩展性不仅仅体现在程序本身可以进行插件开发，还体现在可以方便地通过添加机器来进行水平扩展。

5. Logstash

Logstash 是一个传输、处理、管理和搜索应用程序日志的工具，可以用来收集、管理应用程序日志，提供 Web 接口以查询和统计。Logstash 支持各种输入，这些输入同时从多个公共源中拉取事件。它可以轻松地从日志、度量、Web 应用程序、数据存储和各种 AWS 服务中获取信息。

6. Scriptella

Scriptella 是一个开源的 ETL 和脚本执行工具，采用 Java 语言编写。Scriptella 支持跨数据库的 ETL 脚本，并且可以在单个 ETL 文件中支持来自多个数据源的任务并行。Scriptella 可与任何与 JDBC/ODBC 兼容的驱动程序集成，并提供与非 JDBC 数据源和脚本语言具有互操作性的接口，还可以与 JavaEE、Spring、JMX、JNDI 和 JavaMail 集成。

7. Talend

Talend 是第一家针对数据集成工具市场的 ETL 开源软件供应商，以其技术和商业双重模式为 ETL 服务提供了一个全新的愿景，打破了传统的独有封闭服务，提供了一个针对所有规模公司的公开的、创新的、强大的、灵活的软件解决方案。Talend 开发的同名工具使得数据整合方案不再被大公司垄断。

8. Kettle

Kettle 是一款开源的 ETL 工具，采用 Java 语言编写，具有绿色、无须安装和数据抽取高效稳定的特点。Kettle 有两种脚本文件，即 Transformation 和 Job，其中 Transformation 完成针对数据的基础转换；Job 则完成整个工作流的控制。Kettle 的中文名为"水壶"，开发 Kettle 的主程序员希望把各种数据放到一个"壶"里，然后将其以一种指定的格式流出。Kettle 允许用户管理来自不同数据库的数据，通过提供一个图形化的用户环境来描述用户想做什么。

 知识拓展

国产著名数据仓库系统——SelectDB

北京飞轮数据科技有限公司（以下简称飞轮数据），成立于 2021 年 12 月，由原百度智能云大数据与视频云总经理连林江创办，团队核心成员来自百度、腾讯、奇安信、阿里巴巴、亚马逊、字节跳动、快手等国内外互联网和云计算公司。公司核心团队过去一直深耕于大数据分析和云计算领域，希望贡献自己的技术经验和工程力量解决行业痛点、构建云原生时代具有行业普适能力的实时数据仓库。

SelectDB 是飞轮数据基于 Doris 内核研发的云原生发行版，是运行在云上的实时数据仓库，为用户和客户提供开箱即用的能力。

SelectDB 主要的特色功能体现在：充分发挥弹性云计算、弹性云存储的优势，实现高性价比；提供可视化、易用的管控平台和用户交互开发平台。

在场景适配度上，SelectDB 具备通用性特点，对各个业务场景均具备适用性，可以帮助客户在一套架构中实现对流、批数据，以及结构化、半结构化数据的处理和分析，解决繁重架构带来的难以落地及运维难题。

2022 年 12 月 8 日，飞轮数据召开以"为数而生，因云而新"为主题的线上发布会，正式发布新一代云原生实时数据仓库 SelectDB Cloud。这是一款面向企业用户推出的运行在多云之上、全托管且 SaaS 化的云数据仓库，如今已上线阿里云、腾讯云、华为云和 AWS。作为 Apache Doris 的商业化公司，这也是 SelectDB 成立以来，基于 Apache Doris

内核进行创新研发后，推出的首款商业化云端产品。

SelectDB 是实时数仓技术的引领者，而此次发布的 SelectDB Cloud 也是当前国内首个真正实现多云中立的云原生实时数据仓库。作为一个采用完全存算分离架构、随需而用的企业级云据仓库，SelectDB Cloud 的优势在于极致性价比、融合统一、简单易用、企业特性和开源开放。

党的二十大报告中指出，强化企业科技创新主体地位，发挥科技型骨干企业引领支撑作用。SelectDB 研发成功的一大原因便是发挥了科技型骨干企业的引领支撑作用。

小 结

本章首先从采集来源、采集方法和采集平台三个方面介绍了大数据的采集，着重讲述了大数据的采集方法，包括系统日志采集和网络数据采集等。然后简要介绍了大数据的预处理技术，包括数据清洗、数据集成、数据变换和数据归约等；并描述了数据仓库的概念、组成和数据模型，数据模型分为概念模型、逻辑模型和物理模型。最后从概念和工具两个层面详细介绍了 ETL。

 关键术语

(1) 数据清洗　　(2) 数据集成　　(3) 数据变换　　(4) 数据归约
(5) 数据仓库　　(6) ETL　　(7) 网络爬虫

习 题

1. 选择题
(1) 大数据的采集来源包括( )。
　　A. 商业数据　　　　　　　　B. 互联网数据
　　C. 物联网数据　　　　　　　D. 以上都是
(2) 以下( )不属于系统日志采集系统。
　　A. DPI　　　　　　　　　　B. Chukwa
　　C. Flume　　　　　　　　　D. Scribe
(3) 以下( )不属于大数据采集平台 Apache Flume 的特点。
　　A. 开源　　　　　　　　　　B. 高可靠性
　　C. 高扩展性　　　　　　　　D. 难管理
(4) 大数据预处理的第一道工序是( )。
　　A. 数据归约　　　　　　　　B. 数据集成
　　C. 数据交换　　　　　　　　D. 数据清洗
(5) 网络数据采集方法中的 Spider 是指( )。
　　A. 蜘蛛　　　　　　　　　　B. 爬虫

C. 三脚架   D. 十字轴

(6) 以下(   )不是大数据的采集平台。

A. Apache Flume   B. Fluented

C. JVM   D. Splunk Forwarder

2. 判断题

(1) 大数据最主要的采集来源是商业数据。   (   )

(2) 网络数据采集方法主要针对结构化数据的采集。   (   )

(3) 传统的数据清洗是将属性当作随机变量，通过置信区间来判断值的正误。 (   )

(4) 数据仓库是一种 OLTP 数据库，它通过 ETL 从 OLAP 数据库中获取数据。

(   )

(5) 数据仓库的概念模型包括星形、雪花形和星形-雪花形。   (   )

(6) ETL 是对数据进行抽取、转换和装载的过程。   (   )

3. 简答题

(1) 常用的大数据采集平台有哪几种？

(2) 简述网络数据采集的步骤。

(3) 简述四种大数据清洗方法的优点和缺点。

(4) 简述数据归约的三种方法。

(5) 数据仓库由哪几部分组成？

(6) 简述数据仓库逻辑模型的三种类型及其特点。

【第 2 章　习题答案】

第3章
大数据存储

本章教学要点

知 识 要 点	掌 握 程 度	相 关 知 识
传统存储方式	熟悉	硬盘、DAS、NAS 和 SAN
分布式存储的存储结构	掌握	集群存储、集群并行存储、P2P 存储和面向对象存储
分布式存储的典型系统	熟悉	NFS、GPFS、Storage Tank、GFS 和 Hadoop
云存储的结构模型	熟悉	存储层、基础管理层、应用接口层和访问层
云存储的分类	掌握	公有云、私有云和混合云
云存储的优势和劣势	掌握	云存储的优点和缺点
云存储的发展趋势	了解	未来的混合云战略

Web 技术和移动设备的出现使得数据性质发生根本性变化。大数据具有重要而独特的性质，这种特性使其与传统的企业数据区分开，不再集中化、高度结构化和易于管理，数据结构松散且量级越来越大。传统数据与大数据的特性对比见表 3.1。

表 3.1　传统数据与大数据的特性对比

传 统 数 据	大 数 据
吉字节(GB)至太字节(TB)	拍字节(PB)至艾字节(EB)
集中式	分布式
结构化	半结构化和非结构化
稳定的数据模型	平面模型
复杂的内部关系	简单的内部关系

从时间和成本效益上看，传统的数据仓库等数据管理工具无法实现大数据的处理和分析工作，必须将数据组织成关系表，传统的企业级数据仓库才能处理。由于需要投入较多的时间和人力成本，对海量的非结构化数据来说，传统方式不可行。此外，要扩展传统的企业级

数据仓库，使其适应潜在的 PB 级数据，需要在新的专用硬件上投入巨额资金，而由于数据加载量有限，传统数据仓库的性能也会受到影响，因此需要新的大数据存储方法。

3.1　传统存储

数据存储问题非常重要，然而在实际应用中却经常出错。掉盘和卷锁死等问题严重影响整个系统的正常使用，所以数据专用存储介质和方式已经成为市场关注的焦点。在目前的数字领域中，常用的传统存储方式有四种：硬盘、直连式存储（Direct Attached Storage，DAS）、网络附加存储（Network Attached Storage，NAS）和存储区域网络（Storage Area Network，SAN）。其中 NAS 和 SAN 统称为网络存储。

【固态硬盘】

3.1.1　硬盘

硬盘是一种采用磁介质的数据存储设备，数据存储在密封于洁净的硬盘驱动器内腔的若干个磁盘片上。从硬盘问世至今已经 60 多年，不管是容量、体积还是生产工艺都较之前有了重大革新和改进。图 3.1 为西部数据（WD）Elements 系列 2.5 英寸 USB 3.0 移动硬盘的外观。

图 3.1　西部数据（WD）Elements 系列 2.5 英寸 USB 3.0 移动硬盘的外观

无论是硬盘录像机（Digital Video Recorder，DVR）、网络视频服务器（Digital Video Server，DVS）后挂硬盘还是服务器后面直接连接扩展柜，都采用硬盘存储数据。然而采用硬盘方式的存储系统，并不能算作严格意义上的存储系统，其原因有以下几点。

（1）一般不具备独立磁盘冗余阵列（Redundant Arrays of Independent Disks，RAID）系统，对硬盘上的数据没有进行冗余保护，即使有也是通过主机端的 RAID 卡或者软 RAID 实现的，严重影响整体性能。

（2）扩展能力有限，当录像时间超过 60 天时，不能满足录像时间的相应存储需求。

【独立磁盘
冗余阵列】

（3）无法实现数据集中存储，后期维护成本较高，特别是 DVS 后挂硬盘方式，维护成本会在一年之内超过购置成本。

硬盘存储方式不适用于大型数字视频监控系统，特别是需要长时间录像的数字视频监控系统。一般这种方式与其他存储方式并存于同一个系统中，作为其他存储方式的缓冲或应急替代。

3.1.2 直连式存储

直连式存储（Direct Attached Storage，DAS），全称为直接连接附加存储。直连式存储指磁盘驱动器和服务器直接连接，存储作为外围设备。在这种存储结构中，数据管理以服务器为中心，所有的应用软件和存储子系统配套。DAS 适用于一个或有限的几个服务器环境，当存储容量增加，存储供应的效率会随之降低，而且可升级和扩展性受到限制；当服务器出现异常，数据不可获得，存储资源和数据无法共享。

采用 DAS 的方式可以简单实现平台容量扩容，同时为数据提供多种 RAID 级别的保护。常用 RAID 级别特性比较见表 3.2。

表 3.2 常用 RAID 级别特性比较

RAID 级别	名　称	速　度	容错	磁盘数量	应　用
RAID 0	无容错条带磁盘阵列	磁盘并行输入输出	无	至少两块	无故障的迅速读写，视频、图像编辑及需要高带宽的应用
RAID 1	磁盘镜像方式	读取速度是单个磁盘两倍，写入速度与单个磁盘相同	有	至少两块	会计、金融、付款等需要高可靠性和安全性的应用
RAID 1+0	镜像条带集	同 RAID 0	有	至少四块	数据库服务器和需要高可靠、高性能服务器
RAID 0+1	条带集镜像	同 RAID 1	有	至少四块	图形应用、通用文件服务器

（1）RAID 0

RAID 0 采用的存储方式是，连续以位或字节为单位分割数据，并行读/写于多个磁盘上，因此具有很高的数据传输率，但没有数据冗余。RAID 0 的结构如图 3.2 所示。

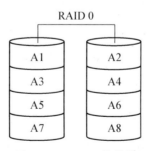

图 3.2 RAID 0 的结构

RAID 0 至少有两个磁盘组成。由于所有磁盘可以同时存取且资料不重复，所以 RAID 0 的读取速度最快。RAID 0 并不是真正的 RAID 结构，它没有数据冗余校验。当 RAID 0 中的一个磁盘损坏后，其他磁盘中的数据将无法读取。因此，RAID 0 不宜作为关键、唯一备份的解决方案。它适用于对读取速度要求高，数据存取量大，数据交换频繁的场合，比如：视频编辑等。

（2）RAID 1

RAID 1采用的存储方式是，通过磁盘数据镜像实现数据冗余，在成对的独立磁盘上产生互为备份的数据。当原始数据失效时，系统可以自动切换到镜像磁盘上读写。RAID1的结构如图3.3所示。

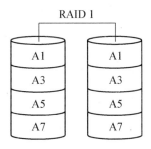

图3.3　RAID1的结构

RAID 1至少有两个磁盘组成。RAID 1控制器向源盘写入资料的同时，也向备份盘中写入相同的资料。正常情况下，控制器从向源盘读取资料，当源盘上的资料损坏时，控制器会转向备份盘中读取。由于两个磁盘中的资料完全一样，所以RAID 1的安全性最高。但有效磁盘容量仅占总容量的一半。受资料写入两次的影响，RAID 1的存储速度稍慢。因此RAID 1可作为关键、唯一的备份方案，其他对安全性要求高，对速度不敏感的应用场景也可采用。

（3）RAID 1＋0和RAID 0＋1

RAID 1＋0和RAID 0＋1是两种逻辑方式不同的组合。

RAID 1＋0是先创建两个独立的RAID 1，再将这两个RAID 1组成一个RAID 0。即RAID 1＋0是先镜像后条带，即先将硬盘纵向做镜像，然后再横向做条带。RAID 1＋0的结构如图3.4所示。在这种情况下，只要不是同一个镜像组中的几块硬盘同时坏掉，RAID组都不会崩溃，即同一个镜像组的硬盘不能同时坏掉。

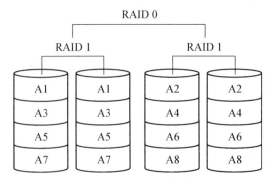

图3.4　RAID 1＋0的结构

RAID 0＋1是先创建两个独立RAID 0，再将这两个RAID 0组建一个RAID 1。即RAID 0＋1是先条带后镜像，即先将硬盘横向做条带，然后再纵向做镜像。RAID 0＋1的结构如图3.5所示。在这种情况下，只要不是两个条带上同时有硬盘坏掉，则整个RAID组都不会崩坏。两者在性能上基本相同，但后者发生故障的概率要大于前者，所以一般情况下都选择 RAID 1+0。

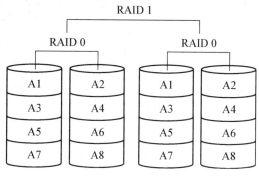

图 3.5 RAID 0+1 的结构

RAID1+0 和 RAID0+1 均最少需要 4 个磁盘组成，而且需要的磁盘数为 4 的倍数。磁盘有效容量是总容量的一半。两种结构中有任何一个磁盘故障，都不会影响系统的正常使用。

3.1.3 网络存储

网络存储分为网络附加存储(NAS)和存储区域网络(SAN)。

1. NAS

NAS 是连接在网络上具备资料存储功能的装置，因此也称为网络存储器。它是一种专用数据存储服务器，以数据为中心，将存储设备与服务器彻底分离，集中管理数据，从而释放带宽、提高性能、降低总成本。该成本低于使用服务器存储的成本，而效率远高于后者。目前国际著名的 NAS 企业有 NetApp、EMC 和 OUO 等。

NAS 具有存储资料和跨平台共享文件的功能，通过将数据作为运行中心，实现服务器与数据存储设备的分析，属于专门的数据存储服务器。NAS 系统通过 IP 网络中的节点提供专门的文件访问服务，不受服务器干扰；还降低了企业服务器的负载，进而降低了总成本。此外，NAS 支持多种开放标准的协议，且具有实时的操作系统，适用性高。NAS 系统的组件如图 3.6 所示，主要包括网络、存储和控制器三部分内容。其中网络部分是指 NAS 系统可以向客户提供一个或多个网络端口用于访问存储的数据，NAS 系统支持多种类型的协议和网络技术；存储部分是指 NAS 系统中的磁带或磁盘；控制器部分包括内存和 CPU，是系统的核心部分。

NAS 不一定是磁盘阵列，一台普通的主机就可以成为 NAS，只要它有磁盘、文件系统和对外提供访问其文件系统的接口，如公共互联网文件系统(Common Internet File System，CIFS)和网络文件系统(Network File System，NFS)等。常用的 Windows 文件共享服务器就是将 CIFS 作为调用接口协议的 NAS 设备。

CIFS 是当前主流异构平台共享文件系统之一，主要应用于 Windows NT 环境，由微软开发。其工作原理是让 CIFS 协议运行于 TCP/

【NAS 设备分类】

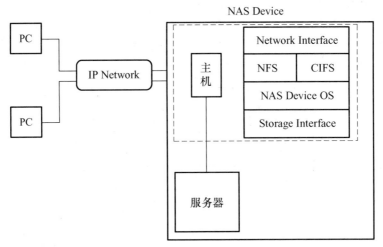

图 3.6　NAS 系统的组件

IP 通信协议之上，让使用 UNIX 系统的计算机可以在网络邻居上被使用 Windows 系统的计算机看到。微软推出服务器消息块（Server Message Block，SMB）后实现 CIFS 协议。

NFS 也是当前主流异构平台共享文件系统之一，主要应用于 UNIX 环境，最早由太阳微系统开发，现在能够支持在不同类型的系统之间通过网络共享文件，广泛应用在 FreeBSD、SCO 和 Solaris 等异构操作系统平台中，允许一个系统在网络上与他人共享目录和文件。通过使用 NFS，用户和程序可以像访问本地文件一样访问远端系统中的文件，使得每个计算机的节点能够像使用本地资源一样方便地使用网上资源。

存储区域网络采用网状通道（Fibre Channel，FC）技术，通过 FC 交换机连接存储阵列和服务器主机，建立专用于数据存储的区域网络。

2. SAN

SAN 经过多年的发展，已经相当成熟，成为业界的事实标准，但各个厂商的光纤交换技术不完全相同，其服务器和 SAN 存储有兼容性的要求。SAN 专注于解决企业级存储的特有问题。当前企业存储方案遇到问题的两个根源是数据与应用系统紧密结合所产生的结构性限制及小型计算机系统接口（Small Computer System Interface，SCSI）标准的限制。大多数分析认为 SAN 是未来企业级的存储方案，因为 SAN 便于集成，能改善数据可用性及网络性能，而且可以减少管理作业。

SAN 克服了 NAS 中存储吞吐量受底层网络介质限制的缺点，且综合了串行 I/O 总线和交换网络的优点，能够实现存储系统高速互连，因而在大数据中得到了广泛应用。但在具体实施中，需要采购专门硬件，还要为存储部署和管理单独定制网络，并且对操作人员的素质要求较高。可以这样比喻：SAN 是一个网络上的磁盘；NAS 是一个网络上的文件系统。根据 SAN 的定义可知，SAN 其实是指一个网络，但是这个网络包含着各种各样的元素，如主机、适配器、网络交换机、磁盘阵列前端、磁盘阵列后端和磁盘等。长期以来，人们习惯性地用 SAN 来特指 FC，特指远端的磁盘。普通台式机也可以充当 NAS。NAS 必须具备两个物理条件：第一，不管用什么方式，NAS 必须可以访问卷或者物理磁盘；第二，NAS 必须具有接入以太网的能力，也就是必须具有以太网卡。

图 3.7 和图 3.8 分别是 SAN 方式的路径图和 NAS 方式的路径图，显然，NAS 架构的路径，在虚拟目录层和文件系统层通信时，用以太网和 TCP/IP 协议代替了内存，这样做不但增加了 CPU 指令周期，而且使用了低速传输介质。而 SAN 方式的路径比 NAS 方式多了一次 FC 访问过程，但是 FC 的大部分逻辑由适配卡上的硬件完成，CPU 的开销增加不多，而且 FC 访问的速度比以太网快，所以如果后端磁盘没有瓶颈，那么除非 NAS 使用快于内存的网络方式与主机通信，否则其速度永远无法超越 SAN 方式。但是如果后端磁盘有瓶颈，那么可以忽略通过 NAS 用网络代替内存的方法导致的性能降低。例如，在大量随机小块 I/O 和缓存命中率极低的环境下，后端磁盘系统寻道瓶颈达到最大，前端的 I/O 指令都处于等待状态，因此路径首段速度再快也无济于事。此时，NAS 不仅比 SAN 慢，而且其优化的并发 I/O 设计和基于文件访问而不是簇块访问的特性，使得 NAS 比 SAN 性能高。

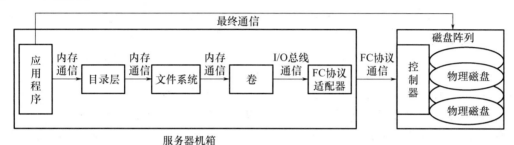

图 3.7　SAN 方式的路径图

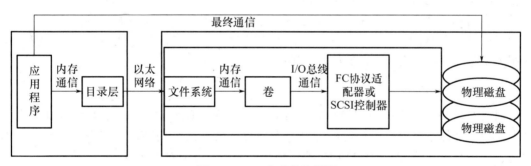

图 3.8　NAS 方式的路径图

3.2　分布式存储

分布式存储是将数据分散存储到多个服务器上的一种存储方式，具体来说，就是在众多的服务器上搭建一个分布式文件系统，然后在分布式文件系统上实现相关数据的存储业务，或者实现二级存储业务，如 BigTable。

【BigTable 的简介和功能】

3.2.1　存储结构

随着全球非结构化数据快速增长，结构化数据设计等的传统存储结构在性能和可扩展性等方面都难以满足要求，因此出现了集群存储、集群并行存储、P2P 存储和面向对

象存储等多种存储结构。

1. 集群存储

将若干个普通性能的存储系统联合起来即可组成"存储的集群"。集群存储采用开放式架构，具有很高的可扩展性，一般包括存储节点、前端网络和后端网络三个构成元素，每个元素都可以进行扩展和升级，而不用改变集群存储的架构。通过分布式操作系统的作用，在前端和后端实现负载均衡。集群存储多应用于大型数据中心和高性能计算中心。

2. 集群并行存储

集群并行存储采用了分布式混合并行文件系统。并行存储允许客户端和存储直接打交道，极大地提高了性能。集群并行存储提高了并行或分区 I/O 的整体性能，特别是对操作密集型及大型文件的访问。在相互独立的存储设备上复制数据，可提高可用性；使用廉价的集群存储系统，可大幅降低成本，并解决可扩展性方面的难题。

3. P2P 存储

P2P 存储即用 P2P 的方式在广域网中构建大规模存储系统。P2P 存储的总体思想是让用户也成为服务器，在存储数据的同时，提供空间让用户来存储，从而有效解决由服务器数量限制产生的瓶颈，也能在速度上加以改进。但是它在数据的稳定性、一致性、安全性、隐私性及防攻击性等方面出现了问题。此外还有技术难题，如覆盖网络和节点信息收集算法、数据的放置与组织、复制管理、负载平衡、数据迁移、数据索引和公平性维护。从体系结构来看，系统采用无中心结构，节点之间对等，通过相互合作完成用户任务。用户通过该平台自主寻找其他节点进行数据备份和存储空间交换，为用户构建了大规模存储交换的系统平台。P2P 存储用于构建更大规模的分布式存储系统，可以跨多个大型数据中心或高性能计算中心使用。

4. 面向对象存储

面向对象存储是 SAN 和 NAS 的有机结合，是存储系统的一种发展趋势。在面向对象存储中，文件系统中的用户组件部分基本与传统文件系统相同，将其下移到智能存储设备上，用户对存储设备的访问接口便由传统的块接口变为对象接口。

3.2.2 系统架构

分布式存储系统用于解决单机存储中的容量和性能等瓶颈，以及可用性和可扩展性等方面的问题，通过把数据分散存储在多台存储设备上，提供大容量、高可用性和可扩展性好的存储服务。

分布式存储系统的架构如图 3.9 所示，其中逻辑层是存储服务的使用方。系统由两大部分组成：一是数据仓库包含的模块，是直接提供数据存储服务的核心部分，由接入层、数据层和配置运行和维护中心组成；二是辅助系统，主要负责系统的监控、运行和维护，由备份系统、监控系统、运行和维护管理系统及用户运营系统组成。

一个数据仓库是一个存储集群，多个业务可以共享一个数据仓库的资源，根据需求可以部署多个数据仓库。辅助系统由所有数据仓库共用。

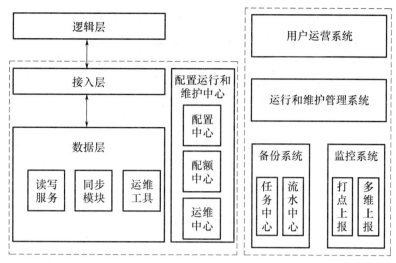

图 3.9 分布式存储系统的架构

分布式存储系统各个模块的主要功能如下。

(1)接入层主要提供两个功能:一是对逻辑层访问接入层进行负载均衡;二是实现数据分片,即把访问数据的请求转发给数据所在的数据层设备。

(2)数据层用于存储数据,存储介质可以支持内存或固态硬盘(Solid State Drive, SSD)。读写服务用于处理用户的读写请求;同步模块实现多份数据副本之间的主备同步;运地和维护工具用于执行主备切换、死机恢复和扩容等运维操作。

(3)配置运行和维护中心由三部分组成:配置中心负责整个仓库的配置维护和下发;配额中心负责各个业务级别的容量、流量和 CPU 等资源的配额管理;运行和维护中心用于自动或手动下发运维命令。

(4)备份系统负责整个系统所有业务的数据备份、回档和恢复。流水中心会记录所有写操作的流水;任务中心管理和调度所有数据备份、回档和恢复任务的执行。

(5)监控系统对系统的关键信息和运行状况进行上报和分析,对异常情况进行监控和告警。打点上报是对系统的关键路径和异常点等进行计数或状态上报;多维上报是对打点上报的补充,上报更多维度的信息。

(6)运行和维护管理系统的使用者是系统运行维护人员,可以方便地进行业务管理和运行和维护操作,如进行配置管理、故障管理和业务扩容等常用操作,还可以查看系统运行状况和业务运营数据。

(7)用户运营系统的使用者是使用存储服务的用户,他们通过该系统可以掌握所接入业务的运营数据,并进行用户级的业务管理和运行维护操作,如续费、扩容、数据清空、数据备份和数据恢复等。

3.2.3 典型系统

基于多种分布式文件系统的研究成果,人们对体系结构的认识不断深入,分布式文件系统在体系结构、系统规模、性能、可扩展性和可用性等方面经历了很大的变化。下面介绍五种分布式文件系统的典型应用。

1. NFS

NFS 是 FreeBSD(一种类 UNIX 操作系统)支持的一种文件系统，允许网络中的计算机之间通过 TCP/IP 网络共享资源。在 NFS 的应用中，本地 NFS 的客户端应用可以透明地读写位于远端 NFS 服务器上的文件，就像访问本地文件一样。1985 年出现的 NFS 受到了广泛关注和认可，被移植到了几乎所有主流的操作系统中，成为分布式文件系统事实上的标准。NFS 利用 UNIX 系统中的虚拟文件系统(Virtual File System，VFS)机制，通过规范的文件访问协议和远程过程调用客户机对文件系统的请求，并转发到服务器端进行处理；服务器端在 VFS 机制之上，通过本地文件系统完成文件的处理，实现了全局的分布式文件系统。太阳微系统公开了 NFS 的实施规范。互联网工程任务组(Internet Engineering Task Force，IETF)将其列为征求意见稿，这在很大程度上促使 NFS 的很多设计实现方法成为标准，也促进了 NFS 的流行。

2. GPFS

GPFS(General Parallel File System，通用并行文件系统)是 IBM 公司的第一个共享文件系统，起源于 IBM SP 系统上使用的虚拟共享磁盘技术。GPFS 是目前应用范围较广的系统，在系统设计中采用了多项当时较先进的技术。GPFS 的磁盘数据结构可以支持大容量的文件系统和大文件，通过采用分片存储、较大的文件系统块和数据预读等方法获得较高的数据吞吐率；采用扩展哈希(Extensible Hashing)技术来支持含有大量文件和子目录的大目录，提高文件的查找和检索效率。

GPFS 采用不同粒度的分布式锁，解决系统中并发访问和数据同步的问题。字节范围的锁用于同步用户数据，动态选择元数据节点(Meta Node)进行元数据的集中管理；具有集中式线索的分布式锁管理整个系统中的空间分配等。GPFS 采用日志技术对系统进行在线灾难恢复。每个节点都有各自独立的日志，且单个节点失效时，系统中的其他节点可以代替失效节点检查文件系统日志，进行元数据恢复操作。

GPFS 还有效地克服了系统中任意单个节点的失效、网络通信故障和磁盘失效等异常事件。此外，GPFS 支持在线动态增减存储设备，然后在线重新平衡系统中的数据。这些特性在需要连续作业的高端应用中尤为重要。

3. Storage Tank

IBM 公司在 GPFS 的基础上开发出 Storage Tank 及基于 Storage Tank 的 TotalStorage SAN File System，又将分布式文件系统的设计理念和系统架构向前推进了一步。它们除了具有一般分布式文件系统的特性之外，还采用 SAN 作为整个文件系统的数据存储和传输路径。它们采用带外数据(Out-of-Band，OOB)结构，在高速以太网上传输文件系统元数据，由专门的元数据服务器来处理和存储。文件系统元数据及文件数据的分离管理和存储，可以更好地利用各自存储设备和传输网络的特性，提高系统的性能，有效降低系统的成本。

Storage Tank 采用积极的缓存策略，尽量在客户端缓存文件元数据和数据。即使打开的文件被关闭，也可以在下次使用时利用已经缓存的文件信息，整个文件系统由管理员按照目录结构划分成多个文件集。每个文件集都是一个相对独立的整体，可以进行独立的元数据处理和文件系统备份等。不同的文件集可以分配到不同的元数据服务器处理，形成元数据服务器机群，提高系统的可扩展性和可用性。

在 Total SAN File System Storage SAN File System 中，块虚拟层对整个 SAN 的存储进行统一的虚拟管理，为文件系统提供统一的存储空间。这样的分层结构有利于简化文件系统的设计和实现。同时，它是一个支持异构环境的分布式文件系统，其客户端支持多种操作系统。它采用了基于策略的文件数据位置选择方法，能有效地利用系统的资源，提高性能，降低成本。

4. GFS

GFS(Google File System，谷歌文件系统)集群由一个 Master 节点和大量的 Chunk-Server 节点构成，供客户访问。GFS 把文件分成 64MB 的块，减小了元数据的大小，使 Master 节点能够方便地将元数据放置在内存中以提高访问效率。数据块分布在集群的机器上，使用 Linux 文件系统存储，同时每个文件块至少有三份以上的冗余。考虑到文件很少被删减或者覆盖，文件操作以添加为主，充分考虑了硬盘线性吞吐量大和随机读取慢的特点。

中心是一个 Master 节点，根据文件索引找寻文件块。系统保证每个 Master 节点都有相应的复制品，以便于在其出现问题时进行切换。在 Chunk 层，GFS 将节点失效视为常态，能够迅速处理 Chunk 节点失效的问题。对于稍旧的文件，可以通过压缩来节省硬盘空间，且压缩率惊人，有时可以接近 90%。为了保证高速并行处理大规模数据，引入了 MapReduce 编程模型，MapReduce 将很多烦琐的细节隐藏起来，极大地简化了程序员的开发工作。

5. Hadoop

Yahoo 推出了基于 MapReduce 的开源版本 Hadoop，目前 Hadoop 在业界已经被大规模使用。Hadoop 分布式文件系统(Hadoop Distributed File System，HDFS)具有高容错性，并且部署在低廉的硬件上时实现了异构软硬件平台间的可移植性。为了尽量减小全局的带宽消耗读延迟，HDFS 尝试返回给读操作一个离它最近的副本。假如在读节点的同一个机架上就有这个副本，则直接读取该副本，如果 HDFS 集群跨越多个数据中心，那么本地数据中心的副本优先于远程的副本。硬件故障是常态，而不是异常，自动维护数据的多份复制，并且在任务失败后能自动重新部署计算任务，实现了故障的检测和自动快速恢复。HDFS 放宽了可移植操作系统接口(Portable Operating System Interface of UNIX，POSIX)的要求，从而可以以流的形式访问文件系统中的数据，实现了以流的形式访问写入的大型文件的目的，重点是数据吞吐量，而不是数据访问的反应时间。

HDFS 提供了接口，使程序移动到离数据存储更近的位置，消除了网络拥堵，增大了系统整体吞吐量。HDFS 的命名空间是由名字节点来存储的。名字节点使用 EditLog 事务日志来持久记录每个文件系统元数据的改变，并将其存储在本地文件系统中的一个文件中。整个文件系统命名空间(包括文件块的映射表和文件系统的配置)都存储于 FsImage 文件中，FsImage 存储在名字节点的本地文件系统中。FsImage 和 EditLog 是 HDFS 的核心数据结构。

3.3 云 存 储

云存储是在云计算(Cloud Computing)概念上延伸和发展出来的一个新概念，是一种新兴的网络存储技术，是指通过集群应用、网络技术或分布式文件系统等，将网络中不同类型的存储设备通过应用软件集合起来协同工作，共同对外提供数据存储和业务访问功能的系统。

3.3.1 云存储的结构模型

面对大数据的海量异构数据，传统存储技术面临建设成本高、运维复杂和可扩展性有限等问题，于是成本低廉、提供高可扩展性的云存储技术日益得到关注。

云存储是一个由网络设备、存储设备、服务器、应用软件、公用访问接口、接入网和客户端程序等组成的复杂系统。云存储以存储设备为核心，通过应用软件来对外提供数据存储和业务访问服务。云存储的架构如图 3.10 所示。

1. 存储层

存储设备数量庞大且分布在不同地域，彼此通过广域网、互联网或光纤通道网络连接在一起。存储设备之上是一个统一存储设备管理系统，实现存储设备的逻辑虚拟化管理、多链路冗余管理，以及硬件设备的状态监控和故障维护。

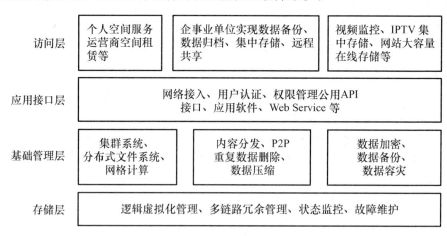

图 3.10 云存储的架构

2. 基础管理层

基础管理层通过集群系统、分布式文件系统和网格计算等，实现云存储设备之间的协同工作，使多个存储设备可以对外提供同一种服务，并提供"更大、更强、更好"的数据访问性能。数据加密技术保证云存储中的数据不被未授权的用户访问；数据备份技术和数据容灾技术可以保证云存储中的数据不会丢失，保证云存储自身的安全和稳定。

3. 应用接口层

不同的云存储运营商根据业务类型，开发不同的服务接口，提供不同的服务，如视频监控、视频点播应用平台、网络硬盘和远程数据备份应用等。

4. 访问层

任何一个授权用户都可以通过标准的公用应用接口登录云存储系统，享受云存储服务。云存储运营单位不同，提供的访问类型和访问手段也不同。

3.3.2 云存储的分类

云存储目前可以划分为三种：①公共云存储，即公有云(Public Cloud)；②内部云存储，即私有云(Private Cloud)；③混合云存储，即混合云(Hybrid Cloud)。

1. 公有云

公有云指第三方提供商为用户提供的能够使用的云。公有云一般可通过 Internet 使用，可能是免费的或成本低廉的，其核心属性是共享资源服务。这种云有许多应用实例，可在当今整个开放的公有网络中提供服务。

与亚马逊的 Simple Storage Service(S3)和 NUTANIX 公司提供的存储服务一样，公有云可以低成本提供大量的文件存储。供应商可以保持每个客户的存储和应用都是独立的、私有的。其中以 Dropbox 为代表的个人云存储服务是公有云发展较突出的代表，国内比较突出的代表有搜狐企业网盘、百度云盘、乐视云盘、360 云盘、新浪微盘和腾讯微云等。

2. 私有云

不同于公有云，私有云是建立在企业自有设施的基础之上的，其核心属性是专有资源。私有云是为一个企业客户单独使用而构建的，因而能够提供对数据、安全性和服务质量的最有效控制，企业拥有基础设施，并可以控制在此基础设施上部署应用程序的方式，更重要的是，很多企业已经建立了较完善的硬件设施，只要进行必要的升级和改造，这些硬件资源便可以在私有云的建设中被充分利用起来。相比公有云，私有云完全由企业单独构建，一般部署在企业数据中心的防火墙内。此外，在云计算环境下，服务器利用率的提高将极大地改善数据中心的工作效能，更灵活的应用部署也带来了管理效能的提升。目前可以提供私有云的平台有 IBM Cloud Private 和 Oracle 私有云等。

3. 混合云

混合云融合了公有云和私有云，是近年来云计算的主要模式和发展方向。出于安全考虑，企业更愿意将数据存储在私有云中，但是同时又希望可以获得公有云的计算资源，在这种情况下，混合云将公有云和私有云进行混合和匹配，以获得最佳效果，既省钱又安全因而应用越来越广泛。这种云存储主要用于按客户要求访问，特别是需要临时配置容量时。从公有云上划出一部分容量配置一种私有云或内部云，可以帮助公司解决迅速增长的

【混合云的四大典型应用案例】

负载波动或高峰。与此同时，混合云存储带来了跨公有云和私有云分配应用的复杂性的难题。

3.3.3 云存储的优势和劣势

云存储是一种优秀的存储技术，功能强大且灵活多变，具备以下三个层面的优势。

1. 设备层面

云存储的存储设备数量庞大，分布区域各异，多个设备之间协同合作，许多设备可以同时为一个人提供同一种服务，并且云存储都是平台服务，云存储的供应商会根据用户需求开发出多种平台，如 IPTV 应用平台、视频监控应用平台、数据备份应用平台等。只要有标准的公用应用接口，任何一个被授权的用户都可以通过一个简单的网址登录云存储系统，享受云存储服务。

2. 功能层面

云存储的容量分配不受物理硬盘的控制，可以按照客户的需求及时扩容，设备故障和设备升级都不会影响用户的正常访问。云存储技术针对数据重要性采取不同的复制策略，并且复制的文件存储在不同的服务器上，因此硬件损坏时，不管是硬盘还是服务器，服务始终不会终止。而且正因为采用索引的架构，系统会自动将读写指令引导到其他存储节点，读写效能完全不受影响，管理人员只要更换硬件即可，数据也不会丢失，换上新的硬盘服务器后，系统会自动将文件复制回来，永远保持多备份的文件，从而避免数据丢失。而在扩容时，只要安装好存储节点，接上网络，新增加的容量便会自动合并到存储中，并且数据会自动迁移到新存储的节点，不需要做多余的设定，大大缩减了维护人员的工作量。

3. 开支层面

传统存储模式下，一旦完成资金的一次性投入，系统无法在后续使用中动态调整。随着设备的更新换代，落后的硬件平台难以处置；随着业务需求的不断变化，软件需要不断地更新升级甚至重构来与之相适应，导致维护成本高昂，很容易发展到不可控的程度。但使用云存储服务可以免去企业在设备购买和技术人员聘用上的庞大开支，维护工作及系统的更新升级都由云存储服务提供商完成，而且公有云的租用费用和私有云的建设费用会随着云存储供应商竞争的日趋激烈而不断降低。云存储是未来的存储应用趋势。

作为新生事物，云存储的优势是有目共睹的，但不可否认，云存储也有弱势，就目前情况来看，业界较成功的云存储服务较少。

1. 安全问题

云存储的好处在于只要有标准的公用应用接口，任何一个被授权的用户都可以访问云存储系统，查看相关数据，但这种便利性也是云存储的致命伤。因为每种设备都有其可攻击点，倘若用户借助手机端口访问云存储系统，而恰巧该用户在使用过程中数据被拦截了，那么数据极有可能被泄露出去。虽然目前许多云存储都采用了加密或者其他安全技术，但是这些安全技术并不能把云存储打造成"铜墙铁壁"，除非进行二次校验或者二次加密，但这又加大了供应商的开发难度和用户访问相关数据的烦琐性。

2. 访问速度问题

访问速度慢是当前云存储短时间内无法突破的一个瓶颈，也是被许多用户诟病的地方。截至目前，云存储还不能处理交易相对频繁的文件，要求网络连接速度快的数据库不是云存储的存储对象，Tier1、Tier2 或以块为基础的数据存储也超出了云存储的存储能力。只有一些庞大的档案资料和非结构化数据适合云存储消化，如银行的开户信息、过去一段时间的账户交易信息，以及医疗机构的病患资料和病史资料等。目前访问速度慢的主要根源在于云存储提供商提供设备的性能和带宽的限制。

3. 数据所有权问题

云存储的主要功能是借助大型存储设备将相同的数据分别存储在不同的地域，形成数据备份，帮助用户解决数据容灾问题。虽然用户通过与供应商签订服务水平协议免去了数据丢失甚至数据遭受破坏的后顾之忧，但从另一方面来说，用户的知情权过少，他们只知道自身的数据存储在云存储中，并不知道数据的具体存储位置或是否在没有授予权限的情况下被他人访问。知识产权得不到相应的保护，数据所有权也得不到相应的保障。

3.3.4 云存储的发展趋势

起初，云存储的作用是使存储低成本、可扩展和资源池化，从而实现所谓的"按需所取"，涉及的技术不仅有虚拟化存储、分布式存储，还有网络与负载均衡等。

网络之于云存储是重要的，但只是存储虚拟化的一个功能。存储虚拟化可以在系统架构的各个层实现，而在网络层可以做到横跨异构磁盘阵列，相当于在数据中心内部构建了一个大型资源池。池化时的异构管理要确保存储的标准化，因为在多云多租户的环境下，只有各家采用相同的规范才能做到被统一调用。

作为云存储的基础，虚拟化存储的本质是实现从物理存储到逻辑存储的转变。在物理介质与服务器之间，虚拟化的对象既可以是网络，也可以是主机或存储设备。当然，这些方式各有利弊，例如在主机层虚拟化便于部署，但与存储有关的软件要运行在同一个主机上，越权管理增加了核心数据的安全风险，而把功能集中在存储设备上则会过度消耗存储控制器的资源。

随着 x86 系统性能的不断提升，以此来构建大规模存储集群变为可能。事实上，分布式存储早在云计算之前就出现了。借助分布式文件系统，不仅可以提供弹性存储资源，还可以根据应用需求提供各类接口，例如分布式对象存储的 http 接口让用户无须操心文件的存放位置或是否丢失。

对象存储、块存储、文件存储是分布式存储的三大利器，三者的接口是不同的，因此适用的业务形态也不同。块存储可以直接挂在主机上，直接读写磁盘空间的某段地址即可访问数据，资源调取效率较高，大规模数据库多采用这种部署；文件存储通常用于应用层，通过 TCP/IP 协议访问，需要用户专门写文件脚本，因此延时高于块存储，可借助 NAS 虚拟化处理非结构化数据；对象存储具备二者的优点，兼顾高速、共享、智能，并且引入了容器技术，打包交付和扩展能力较强。

如今，存储方案已经从传统架构向云架构演变，用户在业务部署时要基于业务的实际需求，结合数据结构和规模特点，选择相应的存储方案，不能贸然全面替换新架构而

增加额外的成本支出。不过长远来看，基于 x86 的分布式存储以其集群架构实现的横向扩展能力，将成为云存储领域的主角。

另一备受关注而有可能融入私有云和混合云的技术是机器学习。公有云提供商在机器学习和人工智能平台开发上展开了激烈的竞争，而用户可以将这些平台集成到各自的应用程序开发流程中。

 知识拓展

阿里云对象存储服务

阿里云对象存储服务（Object Storage Service，简称 OSS），是阿里云提供的海量、安全、低成本、高可靠的云存储服务。其数据设计持久性不低于 99.9999999999%，服务设计可用性（或业务连续性）不低于 99.995%。数据存储到阿里云 OSS 以后，可以选择标准（Standard）存储作为移动应用、大型网站、图片分享或热点音视频的主要存储方式，也可以选择成本更低、存储期限更长的低频访问存储（Low Frequency Access Storage）和归档（Archive）存储作为不经常访问数据的存储方式。

阿里对象存储是一种云存储服务，可满足企业数据存储、备份、归档等需求。在当今云计算和大数据时代，阿里对象存储已经成为各行业企业的首选之一。与自建服务器存储相比，OSS 有很多优势。

1. 持久稳定性

阿里云作为国际大厂商，经历了多重业务高峰的考验，因此也形成了稳定完善的体系，同时阿里云国际站数据中心为存储提供了可靠的保障，如数据自动多重冗余、服务可用性不低于 99.995%、规模自动扩展不影响对外服务等。阿里云 OSS 的冗余机制支持两个存储设置并发损坏时，仍然可以维持数据的不丢失。而自建存储则受限于服务器硬件持久稳定性，且人工恢复数据相对来说比较耗时、耗力。

2. 安全性

阿里云国际站有针对用户的安全问题建设完善的多层次防护，如服务端加密、客户端加密、防盗链等，且支持版本控制，防止文件被误删或者覆盖导致的丢失；如果自建服务器存储则需要单独购买清洗和黑洞设备，以及需要单独实现安全机制。

3. 成本低

阿里云国际站大部分云产品都有很高的性价比优势，OSS 接入 BGP 智能多线，有丰富带宽资源，上行流量免费，且无需雇佣运维人员进行运维，与自建服务器存储相比节省了很大的人工运维费用。

另外，阿里云国际站有丰富的增值服务，如图片处理、音视频转码、互联网访问加速及内容分发等，可以多方面满足企业数据与管理的需求。

随着云计算和大数据的发展，数据规模的不断扩大，阿里对象存储将面临更多的挑战。党的二十大报告中也提出了健全国家安全体系，强化网络、数据等安全保障体系建设的要求。阿里对象存储需要不断提升存储容量和性能，并且需要与其他云服务相集成，在保证数据安全和隐私的前提下，提供更灵活和便捷的数据访问和共享方式，以满足企业和社会的需求，为企业提供更全面的云计算解决方案。

小 结

本章围绕大数据存储问题，分别介绍了传统存储、分布式存储及云存储的相关概念和知识。传统数据存储方式有四种：硬盘、DAS、NAS和SAN。与目前常见的集中式存储技术不同，分布式存储技术并不是将数据存储在某个或多个特定的节点，而是通过网络使用企业中每台机器上的磁盘空间，并将这些分散的存储资源构成一个虚拟的存储设备，数据分散存储在企业的各个角落。为实现自动化和智能化，云存储将所有的存储资源整合到一起，实现规模效应和弹性扩展，降低运营成本，避免资源浪费。

 关键术语

(1)直连式存储 　　(2)网络附加存储 　　(3)存储区域网络
(4)分布式存储 　　(5)云存储

习 题

1. 选择题

(1)下列( )存储采用分布式混合并行文件系统。

　　A. 集群 　　　B. 集群并行 　　　C. P2P 　　　D. 面向对象

(2)( )是一种采用磁介质的数据存储设备。

　　A. 硬盘 　　　B. 软盘 　　　C. 光盘 　　　D. U盘

(3)直连式存储指磁盘驱动器与( )直接连接。

　　A. 客户端 　　　B. 服务器 　　　C. 主机 　　　D. 云端

(4)网络存储包括( )。

　　A. DAS和SAN 　　　　　　　　　B. DAS和NAS
　　C. NAS和SAN 　　　　　　　　　D. DAS和硬盘

(5)( )也称为"网络存储器"。

　　A. DAS 　　　B. SAN 　　　C. NAS 　　　D. 硬盘

(6)云存储架构的( )通过集群系统、分布式文件系统和网格计算等，实现云存储设备之间的协同工作。

　　A. 存储层 　　　B. 基础管理层 　　　C. 应用接口层 　　　D. 访问层

2. 判断题

(1)集群存储就是将若干个普通性能的存储系统联合起来，组成"存储的集群"。 ( )

(2)硬盘存储方式适用于大型数字视频监控系统。 ( )

(3)采用DAS可以很简单地实现平台的容量扩容，同时可以对数据提供多种RAID级别的保护。 ( )

(4)GPFS的磁盘数据结构不支持大容量的文件系统和大文件。 ( )

(5)授权用户能通过标准的公共应用接口登录云存储系统，享受云存储服务。 ( )

(6)公有云一般可通过 Internet 使用，可能是免费的或成本低廉的，其核心属性是共享资源服务。　　　　　　　　　　　　　　　　　　　　　　　　　　　　（　）

3. 简答题

(1)简述采用硬盘方式的存储系统不能算作严格意义上的存储系统的原因。

(2)简述 NAS 和 SAN 的区别。

(3)什么是 P2P 存储？

(4)谈谈你对 GPFS 的理解。

(5)简述云存储的优势和劣势。

(6)云存储分为哪几类？

【第 3 章　习题答案】

第**4**章
大数据处理与计算

 本章教学要点

知 识 要 点	掌 握 程 度	相 关 知 识
Hadoop 处理框架	掌握	HDFS 的架构，MapReduce 的架构，YARN 的架构和 ZooKeeper 的逻辑
Scala	掌握	Scala 与 Java 的语法区别及 Scala 的基本语法
Spark SQL	熟悉	Spark SQL 的架构
Spark Streaming	了解	Spark Streaming 的应用
Storm 的基本概念	熟悉	系统角色，应用名称，组件接口
Spout 和 Bolt	了解	Spout 和 Bolt 的函数
Storm	掌握	Storm 的拓扑结构

从 20 世纪开始，政府和多行业（如医疗、网络、金融和电信）的信息化得到了迅速发展，积累了海量数据。这些数据大部分是非结构化数据，虽然国内的各类数据中心已有足够的硬件设施来存储这些数据，但是如何让这些数据产生最大的商业价值，是目前数据拥有者所需考虑的。此外，由于数据的增长速度越来越快、数据量越来越大，传统的数据库或数据仓库很难存储、管理、查询和分析这些数据，如何在软件层面实现 PB 级乃至 ZB 级数据的处理与计算也是需要数据拥有者思考的。

近几年，由于大数据处理和应用需求急剧增长及大数据处理的多样性，学术界和工业界不断研究推出新的或改进的计算模式和系统工具。目前主要有三方面的重要发展趋势和方向：Hadoop 性能提升和功能增强、混合式大数据计算模式和基于内存计算的大数据计算模式与技术。

4.1 Hadoop 处理框架

Hadoop 框架是用 Java 语言编写的，它的核心是 HDFS 和 MapReduce。HDFS 为大数据提供了有效的存储方法，MapReduce 为大数据提供了高效的计算方法。Hadoop 在业

内得到了广泛应用，同时成为大数据的代名词。Hadoop 是由 Apache 开发的一个项目，是一个开源的可运行于大规模集群上的分布式并行编程框架，由 HDFS、MapReduce、HBase、Hive 和 ZooKeeper 等组成。Hadoop 的核心组件包括 Hadoop 文件系统（HDFS）和 MapReduce 计算框架，它们是谷歌文件系统（GFS）和 MapReduce 的开源实现版本。MapReduce 和分布式文件系统的设计，使得应用程序能够在成千上万独立计算的计算机上运行并操作 PB 级的数据。Hadoop 集群可以在三种模式下运行：单机模式、伪分布式模式和全分布式模式。在单机模式中不存在守护进程，所有数据运行在一个 JVM 上。单机模式适用于开发过程中运行 MapReduce 程序，也是最少使用的一种模式。

4.1.1　HDFS

【分布式
文件系统】

　　HDFS 是 Hadoop 的一个分布式文件系统，是可运行在廉价机器上的可容错分布式文件系统。它既与分布式文件系统有共同点，又有一些特殊且明显的特征。在处理海量数据时，经常碰到一些大文件（GB 级甚至 TB 级），在常规的系统上，这些大文件的读写需要花费大量的时间。HDFS 优化了大文件的流式读取方式，它将一个大文件分割成一个或者多个数据块，分发到集群的节点上，从而实现了高吞吐量的数据访问，集群拥有数百个节点，并支持千万级别的文件处理。因此，HDFS 非常适用于大规模数据集。

　　HDFS 的设计者认为硬件故障会经常发生，因此采用块复制的概念，让数据在集群的节点间进行复制。HDFS 有一个复制因子参数，默认为 3。利用块复制的概念实现了一个具有高容错性的系统。当硬件出现故障时，复制数据可以保证数据的高可用性。因为具有容错的特性，HDFS 适合部署在廉价的机器上。但是一块数据及其备份不能放在同一个机器上，如果机器发生故障，备份会与原数据一起丢失，备份也就没意义了。通常，大型 Hadoop 集群会分布在很多机架上。假设 HDFS 运行在一个具有树状网络拓扑结构的集群上，集群由多个数据中心组成，每个数据中心里有多个机架，每个机架上有多台

【机架感知
的背景】

计算机，此时希望不同计算机节点之间的通信能发生在同一机架内。另外，为了提高容错能力，名字节点会尽可能把数据块的副本分别放到多个机架上。综合考虑这两点，在 Hadoop 中设计了机架感知（Rack Awareness，RA）功能。HDFS 使用 RA 功能，先将一份副本放入同机架上的服务器，然后复制一份到其他服务器（这台服务器可能位于不同数据中心）。如此，若某个数据点发生故障，即可从另一个机架上调用。除了 RA 功能，现在还有基于 Erasure Code 的编码存储方法，这种方法本来用于通信容错领域，既可节约空间又可达到容错的目的。目前谷歌和淘宝等存储的大数据规模为 PB 级，大数据增长速度远超摩尔定律中信息技术进步的速度。如何利用有限存储资源满足迅速膨胀的存储需求是亟需解决的问题。多副本策略在满足存储可靠和优化数据读性能的同时，也不可避免地出现存储资源利用率低的缺陷。Erasure Code 在满足与多副本策略具有相同可靠性的前提下，存储资源利用率更高。当前，微软、谷歌、Facebook、亚马逊和淘宝等互联网巨头早已开始研究 Erasure Code，并将其实际运用于各自的主流存储系统中。

【摩尔定律】

　　HDFS 是一个高度容错的分布式文件系统，能够提供高吞吐量的数据

访问，适合存储 PB 级的数据。HDFS 采用 Master/Slave 架构，一个 HDFS 集群由一个名字节点和一定数目的数据节点(DataNode)组成，它们通常配置在不同的机器上。名字节点是一个中心服务器，负责管理文件系统的名字空间(NameSpace)和客户端对文件的访问；集群中的数据节点负责管理其所在节点上的存储。HDFS 架构如图 4.1 所示。

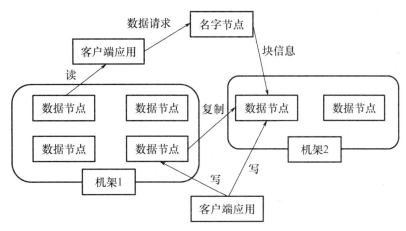

图 4.1　HDFS 架构

从内部看，一个文件其实被分成一个或多个数据块，这些块存储在一组数据节点上。名字节点执行文件系统的名字空间操作，如打开、关闭和重命名文件或目录，也负责确定数据块到具体数据节点的映射。数据节点负责处理文件系统客户端的读写请求，在名字节点的统一调度下进行数据块的创建、删除和复制。

单一节点的名字节点简化了系统的架构。一个名字节点存储集群上所有文件的目录树和每个文件数据块的位置信息，是一个管理文件命名空间和客户端访问文件的主服务器，但不存储文件数据本身。数据节点通常是一个节点或一台机器，用来存放文件原数据和复制数据，管理从名字节点分配过来的数据块及对应节点的数据存储。HDFS 对外开放文件命名空间，并允许用户数据以文件形式存储。

HDFS 具有如下基本特征。

(1)整个集群有单一的命名空间。

(2)具有数据一致性，适合一次写入多次读取的模型。没有成功创建文件之前，在客户端无法看到该文件。

(3)文件会被分割成多个文件块，每个文件块被分配存储到数据节点上，并且根据配置会有复制文件块来保证数据的安全性。

4.1.2　MapReduce

MapReduce 是 Hadoop 的核心组成部分之一，实现了由谷歌工程师提出的 MapReduce 编程模型。MapReduce 计算架构如图 4.2 所示。MapReduce 是一种新的并行编程模型，首先对应用输入数据中的逻辑记录执行 Map 任务，将不同的记录映射到相应的键值上；然后对所有相同键值的记录执行 Reduce 任务，以合并在 Map 过程中派生出的数据键值对。MapReduce 编程模型适合处理具有大规模的输入数据集并且计算过程可以分步到多个计算节点上的应用。

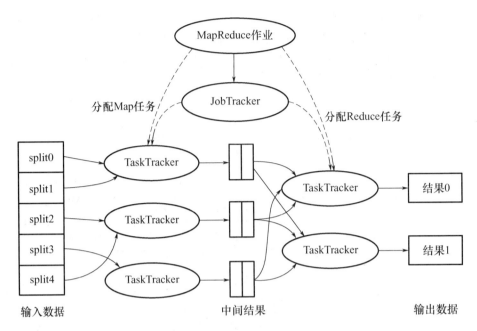

图 4.2　**MapReduce 计算架构**

在典型的 MapReduce 应用场景中，数以百计的普通计算机通过以太网联接成一个巨大的 Hadoop 集群，并在每台计算机上部署了 MapReduce 计算架构。在集群上，有一台计算机被委以 JobTracker 的重任，主要对集群中 MapReduce 作业的执行进行监督和管理，JobTracker 通常与名字节点在一个节点启动其他计算机，称为 TaskTracker，负责 MapReduce 作业中 Map 任务和 Reduce 任务的具体实现。

当把一个 MapReduce 作业提交给 Hadoop 集群时，相关的输入数据首先被划分为多个片段；然后 JobTracker 挑选空闲的 TaskTracker，对数据片段并行地执行 Map 任务；接着这些由 Map 任务产生的中间记录会被再次划分，由 JobTracker 挑选空闲的 TaskTracker，对被划分的记录并行地执行 Reduce 任务，从而获得与每个键值相对应的数据集合，作为运算结果。为了减少数据通信开销，中间结果数据进入 Reduce 节点前会进行一定的合并处理。一个 Reduce 节点处理的数据可能来自多个 Map 节点，为了避免 Reduce 计算阶段发生数据相关性，Map 节点输出的中间结果需使用一定的策略进行适当的划分处理，保证具有相关性的数据发送到同一个 Reduce 节点。

此外，系统会进行一些计算性能优化处理，如对最慢的计算任务执行多备份，选最快完成者作为结果。反复执行以上过程，直到 MapReduce 作业中的所有 Map 任务和 Reduce 任务执行完毕。MapReduce 计算架构有效地将用户提交的 MapReduce 作业自动并行化且将其分布到大规模的计算节点上，非常适合在由大量计算机组成的分布式并行环境中进行数据处理。

MapReduce 通过把对数据集的大规模操作分发给网络上的每个节点来实现可靠性，每个节点会周期性地返回它所完成的工作和最新的状态。如果一个节点保持沉默超过一个预设的时间间隔，主控节点记录该节点的状态为死亡，并把分配给这个节点的数据发送到其他节点。每个操作使用命名文件的原子操作以确保不会发生并行线程间的冲突。

设计上，MapReduce 具有以下主要技术特征。

1. 向"外"横向扩展，而非向"上"纵向扩展

MapReduce 集群的构建选用价格便宜、易于扩展的低端商用服务器，而非价格昂贵、不易扩展的高端服务器。大规模数据处理时，由于需要存储大量数据，基于低端服务器的集群远比基于高端服务器的集群优越，这也是 MapReduce 并行计算集群基于低端服务器实现的原因。

2. 失效是常态

MapReduce 集群中使用大量的低端服务器，因此节点硬件失效和软件出错是常态。因为一个具有良好设计和高容错性的并行计算系统不能因为节点失效而影响计算服务的质量，所以任何节点失效都不应当导致结果的不一致或不确定；任何一个节点失效时，其他节点要能够无缝接管失效节点的计算任务；失效节点恢复后应能自动无缝地加入集群，而不需要管理员人工进行系统配置。

MapReduce 并行计算软件框架使用了多种有效的错误检测和恢复机制，如节点自动重启技术，使集群和计算框架具有面对节点失效时的健壮性，能有效检测和恢复失效节点。

3. 将处理向数据靠拢和迁移

传统高性能计算系统通常有很多处理器节点与一些外存储器节点相连，如用存储区域网络连接的磁盘阵列。因此，大规模数据处理时，外存文件数据 I/O 访问会成为一个制约系统性能的瓶颈。

为了减少大规模数据并行计算系统中的数据通信开销，考虑将处理向数据靠拢和迁移。MapReduce 采用了数据/代码互定位的技术方法，计算节点将首先尽量计算本地存储的数据，以发挥数据本地化优势，仅当节点无法处理本地数据时，再采用就近原则寻找其他可用计算节点，并把数据传送至此。

4. 顺序处理数据，避免随机访问数据

大规模数据处理的特点决定了大量的数据记录难以全部存放在内存中，而通常只能放在外存中进行处理。由于磁盘的顺序访问要远比随机访问快得多，因此 MapReduce 主要被设计为面向顺序式大规模数据的磁盘访问处理。

为了实现面向大数据集批处理的高吞吐量的并行处理，MapReduce 可以利用集群中的大量数据存储节点同时访问数据，以此利用分布集群中大量节点上的磁盘集合提供高带宽的数据访问和传输。

5. 为应用开发者隐藏系统层细节

在软件工程实践中，之所以专业程序员认为编写程序困难，是因为程序员需要记住太多的编程细节，从变量名到复杂算法的边界情况处理，这对大脑记忆是一个巨大的认知负担，程序员需要高度集中注意力。而编写并行程序更困难，如需要考虑多线程中诸如同步等复杂烦琐的细节。由于并发执行中的不可预测性，程序的调试查错也十分困难，而且在处理大规模数据时，程序员需要考虑诸如数据分布存储管理、数据分发、数据通

信和同步、计算结果收集等诸多细节问题。

MapReduce 提供了一种抽象机制，将程序员与系统层细节隔离开来，程序员仅需描述需要计算什么，而具体如何计算则交由系统的执行框架处理，这样程序员可从系统层细节中解放出来，致力于其应用本身计算问题的算法设计。

6. 平滑无缝的可扩展性

可扩展性包括数据扩展性和系统规模扩展性。理想的软件算法应当能随着数据规模的扩大而表现出持续的有效性，性能的下降程度应与数据规模扩大的倍数相当。在集群规模上，要求算法的计算性能应能随着节点数的增加而保持近似于线性的提高。绝大多数现有的单机算法达不到以上要求，把中间结果数据维护在内存中的单机算法在处理大规模数据时会很快失效，从单机到基于大规模集群的并行计算实际需要完全不同的算法设计，而 MapReduce 在很多情况下能实现以上理想的可扩展性特征。多项研究发现，对于很多计算问题，基于 MapReduce 的计算性能可随节点数的增加而保持近似于线性的提高。

4.1.3 YARN

为从根本上解决旧的 MapReduce 框架的性能瓶颈，促进 Hadoop 框架更长远的发展，从 Hadoop 0.23.0 版本开始，MapReduce 框架完全重构，发生了根本的变化。新的 Map-Reduce 框架名为 MapReduce 2.0(MRv2)或 YARN(Yet Another Resource Negotiator，另一种资源协调者)。YARN 是一种新的 Hadoop 资源管理器，也是一个通用资源管理系统，可为上层应用提供统一的资源管理和调度机制，为集群在利用率、资源统一管理和数据共享等方面带来了巨大好处。

【有向无环图】

开发 YARN 最初是为了弥补 MapReduce 的明显不足，并提升可伸缩性(支持 1 万个节点和 20 万个内核的集群)、可靠性和集群利用率。YARN 的基本思想是分离 JobTracker 的两个主要功能(资源管理和作业调度/监控)，主要方法是创建一个全局的资源管理器(Resource Manager)和若干个针对应用程序的应用管理器(Application Master)。这里的应用程序是指传统的 MapReduce 作业或作业的有向无环图(Directed Acyclic Graph，DAG)。资源管理器和每一台机器的节点管理器(Node Manager)能够管理用户在各机器上的进程，并组织计算。YARN 架构如图 4.3 所示。

每一个应用的应用管理器都是一个详细的框架库，它使从资源管理器获得的资源和节点管理器协同工作来运行和监控任务。图 4.3 中资源管理器支持分层级的应用队列，这些队列享有集群一定比例的资源。从某种意义上讲，它只是一个调度器，在执行过程中不对应用进行监控和状态跟踪。同样，它也不能重启因应用失败或者硬件错误而运行失败的任务。资源管理器是基于应用程序来调度资源的需求的，每个应用程序需要不同类型的资源，因此需要不同的容器。资源包括内存、CPU、磁盘和网络等，可以看出与现有的 MapReduce 固定类型的资源使用模型有显著区别。资源管理器提供一个调度策略的插件，负责将集群资源分配给多个队列和应用程序。调度插件可以基于现有的能力调度和公平调度模型。节点管理器是每一台机器框架的代理，是执行应用程序的容器，监控应用程序的资源使用情况并向调度器汇报。每个应用的应用管理器向调度器索要适当的资源容器,运行任务,跟踪应用程序的状态并监控其进程,分析任务的失败原因。

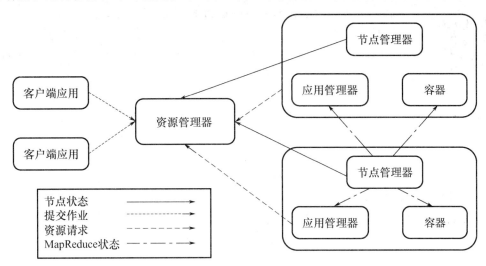

图 4.3 YARN 架构

YARN 分层结构的本质是资源管理器,控制整个集群并管理应用程序向基础计算资源的分配。资源管理器将各个资源部分(如计算、内存、带宽等)精心安排给基础的节点管理器。资源管理器还与应用管理器一起分配资源,与节点管理器一起启动和监视它们的基础应用程序。应用管理器承担了之前 TaskTracker 的一些任务,资源管理器承担了 JobTracker 的任务。

应用管理器管理一个在 YARN 内运行的应用程序的每个实例。应用管理器负责协调来自资源管理器的资源,并通过节点管理器监视容器的执行和资源的使用情况。尽管目前的资源更加传统,但未来会带来基于当前任务的新资源类型,如图形处理单元或专用处理设备。从 YARN 角度讲,应用管理器是用户代码,因此存在潜在的安全问题。YARN 假设应用管理器存在错误甚至是恶意的错误,因此将 Application Master 模块代码当作无特权的代码。

节点管理器管理 YARN 集群中的所有节点,提供针对集群中每个节点的服务,从监督对一个容器的终生管理到监视资源和跟踪节点健康。节点管理器管理抽象容器,这些容器代表可供一个特定应用程序使用的针对每个节点的资源。YARN 继续使用 HDFS 层,其主要名字节点用于元数据服务,而数据节点用于分散在一个集群中的复制存储服务。

要使用一个 YARN 集群,首先需要来自包含一个应用程序的客户的请求。资源管理器协商一个容器的必要资源,启动一个应用管理器来表示已提交的应用程序。通过使用一个资源请求协议,应用管理器协商每个节点上供应用程序使用的资源容器。执行应用程序时,应用管理器监视容器直到完成。当应用程序完成时,应用管理器从资源管理器上注销其容器,执行周期便结束了。

YARN 的核心思想是分离 JobTracker 和 TaskTracker。YARN 包含下面四大构成组件。

(1)一个全局的资源管理器。

（2）资源管理器的所有节点代理——节点管理器。

（3）表示每个应用的应用管理器。

（4）每个应用管理器在节点管理器上运行多个容器。

YARN 从某种意义上来说是一个云操作系统，负责集群的资源管理。在操作系统上可以开发各类应用程序，这些应用程序可以同时利用 Hadoop 集群的计算能力和丰富的数据存储模型，共享同一个 Hadoop 集群和驻留在集群上的数据。此外，YARN 创建的框架还可以利用 YARN 的资源管理

【云操作系统】

器，提供新的应用管理器实现。本章后面将要介绍的 Spark 处理框架就支持 YARN。

4.1.4 ZooKeeper

ZooKeeper 是一个开源的分布式应用程序协调服务，简称分布式协作服务，是谷歌的 Chubby（谷歌的分布式锁服务）的开源实现，是 Hadoop 和 HBase 的重要组件。它是一个为分布式应用提供一致性服务的软件，主要负责分布式任务调度，用来完成配置管理、名字服务、提供分布式锁和集群管理等工作。ZooKeeper 的目标是封装好复杂易错的关键服务，将简单易用的接口和性能高效、功能稳定的系统提供给用户。

ZooKeeper 服务自身组成一个集群，$2n+1$ 个服务中允许 n 个服务失效。ZooKeeper 服务有两个角色：一个是 Leader，提供写服务和数据同步；另一个是 Follower，提供读服务。Leader 失效后会在 Follower 中重新选举新的 Leader。ZooKeeper 逻辑图如图 4.4 所示。

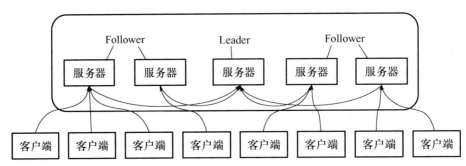

图 4.4 ZooKeeper 逻辑图

ZooKeeper 的读写速度快，并且读的速度比写的速度更快。在分布式数据库中应用 ZooKeeper 协调技术可以加强集群稳定性和集群持续性，保证集群的有序性和高效性。ZooKeeper 的运行实例称为 ZooKeeper 服务。如图 4.4 所示，ZooKeeper 服务可由一个或多个服务器组成，应用程序可以通过 ZooKeeper 的客户端连接到 ZooKeeper 服务器，由于所有服务器存储的元数据都是一致的，所以连接到任意服务器所获得的元数据视图都是一致的，这种复制机制保证了元数据的高可靠性和高可扩展性。此外，由于各个服务器在内存中保存元数据，因此为 ZooKeeper 服务的高性能提供了基础。

ZooKeeper 是以 Fast Paxos 算法为基础的，Paxos 算法存在活锁问题，即当有多个 Proposer 交错提交时，有可能互相排斥，导致没有 Proposer 能提交成功。而 Fast Paxos 经优化后选举产生一个 Leader，只有 Leader 才能提交 Proposer。因此，要想了解 ZooKeeper，首先需要了解 FastPaxos。

【活锁】

为了帮助读者理解 ZooKeeper 的作用，这里举一个简单的例子。假设有 20 个搜索引擎的服务器(每个负责总索引中的一部分搜索任务)、1 个总服务器(负责向这 20 个搜索引擎的服务器发出搜索请求并合并结果集)、1 个备用的总服务器(负责当总服务器宕机时替换总服务器)、1 个 Web 的通用网关接口 [(Common Gateway Interface，CGI)，负责向总服务器发出搜索请求]。搜索引擎的服务器中有 15 个服务器提供搜索服务，5 个服务器生成索引。这 20 个搜索引擎的服务器经常让正在提供搜索服务的服务器停止提供服务而开始生成索引，或使生成索引的服务器生成完索引后提供搜索服务。使用 ZooKeeper 可以保证总服务器自动感知提供搜索服务的服务器的数量，并向这些服务器发出搜索请求，当总服务器宕机时自动启动备用的总服务器。

ZooKeeper 会维护一个具有层次关系的数据结构。类似于一个文件系统的目录结构。ZooKeeper 数据模型结构如图 4.5 所示。

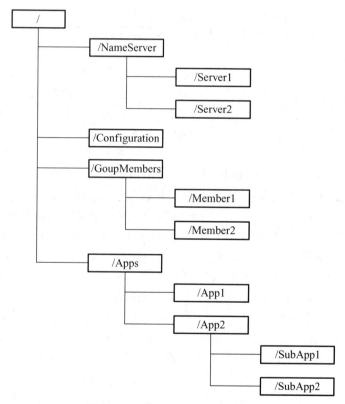

图 4.5　ZooKeeper 数据模型结构

如图 4.5 所示，ZooKeeper 使用树状模型来存储数据，用来存储数据的每个节点称为 znode，每个 znode 都有一条唯一的路径。这种模型与标准文件系统中的树状模型类似，应用程序使用 ZooKeeper 客户端 API 操作 znode 来存取数据。

znode 有两种类型：persistent 和 ephemeral，这两种类型又可以与 sequential 属性相结合。ephemeral 类别的 znode 会在创建结束后被删除，而 persistent 类型的 znode 是持久性的。sequential 属性是指系统分配给该 znode 的一个唯一的序列号，ZooKeeper 保证该序列号是单向增大的，即后创建的 znode 所获得的序列号比先创建的 znode 的序列号大。

客户端可以通过 API 在 znode 上创建 watch 监控 znode 的状态变化，当 znode 被删除或更新时，在该 znode 上创建 watch 的客户端会接到通知，进而作相应处理。

ZooKeeper 服务提供了一组特性，使用 ZooKeeper 服务的分布式应用程序可以依赖于这组特性，具体如下。

(1) 顺序一致性。保证所有的更新操作按照提交的先后顺序执行。

(2) 原子性。更新操作要么成功，要么失败，不会有中间状态。

(3) 单系统镜像(视图一致性)。无论客户端连接到哪个服务器，看到的 ZooKeeper 视图绝对一致。

(4) 可靠性。一旦一个更新操作被应用，那么在客户端更新之前，其值不会改变；当超过半数的 ZooKeeper 服务器可用时，整个服务是可用的。

(5) 实时性。在特定的一段时间内，需要保证客户端看到的系统信息是实时的。

4.2 Spark 处理框架

随着大数据的发展，人们对大数据的处理要求越来越高，原有的批处理框架 MapReduce 适合离线计算，无法满足对实时性要求较高的业务，如实时推荐和用户行为分析等。因此，由 Hadoop 系统发展出以 Spark 为代表的新计算框架。相比 MapReduce，Spark 速度快、开发简单，并且能够同时兼顾批处理和实时数据分析。

Spark 是加州大学伯克利分校的 AMPLabs 开发的开源分布式轻量级通用计算框架，并于 2014 年 2 月成为 Apache 的顶级项目。由于 Spark 基于内存设计，因此拥有比 Hadoop 更高的性能，并且支持多种语言(Scala、Java 和 Python)。Spark 类似于 MapReduce 框架，具有 MapReduce 的优点，但不同的是 Job 中间输出结果可以保存在内存中，从而不再需要读写 HDFS，而 MapReduce 的中间结果要放在文件系统上。因此，在性能上，Spark 比 MapReduce 框架快 100 倍左右，排序 100TB 的数据只需要 20min。正是因为 Spark 主要在内存中执行，所以其对内存的要求非常高，一个节点通常需要配置 24GB 的内存。在业界，有时把 MapReduce 称为批处理计算框架，把 Spark 称为实时计算框架、内存计算框架或流式计算框架。

Hadoop 使用数据复制来实现容错性，而 Spark 使用弹性分布式数据集(Resilient Distributed Datasets，RDD)数据存储模型来实现数据的容错性。RDD 是只读的、分区记录的集合。如果 RDD 的一个分区丢失，因其含有重建这个分区的相关信息，就避免了使用数据复制来保证容错性的要求，从而减少了对磁盘的访问次数。通过 RDD，后续步骤需要相同数据集时不必重新计算或从磁盘加载，使得 Spark 非常适用于流水线式的处理。

4.2.1 Scala

Scala(Scalable Language)是一门多范式的编程语言。2001 年洛桑联邦理工学院的 Martin Odersky 基于 Funnel 编程语言开始设计 Scala。Funnel 是一种结合了函数式编程思想和 Petri 网的编程语言。

Spark 框架是用 Scala 语言开发的，并提供了 Scala 语言的一个子集。设计 Scala 的初衷是创造一种能够更好地支持组件的语言。Scala 的编译器把源文件编译成 Java 的 class

文件，从而让 Scala 程序运行在 JVM 上。Scala 兼容现有的 Java 程序，从 Scala 中可调用所有的 Java 类库。Scala 能够让程序员花更少的时间和代码编写相同功能的 Java 程序。在 JVM 上，Scala 代码多了一个运行库 scala-library.jar。

Scala 支持交互式运行，开发人员无须编译就能运行代码。例如，输入下列 Scala 代码，然后按 Enter 键：

```
scala> println(" Hello，Scala!");
```

将产生以下结果：

```
Hello, Scala!
```

Scala 和 Java 的语法的最大区别在于 ";"（行结束符）是可选的，其他都类似。下面是一段简单的 Scala 代码，用于输出 Hello，World!。

```
object HelloWorld {
    /* 这是我的第一个 Scala 程序
    * 以下程序将输出 Hello World!
    * /
    def main(args, Array [String]) {
    println(" Hello，world!")          //输出 Hello World
    }
}
```

接下来使用 scalac 命令编译这段代码：

```
$  scalac HelloWorld. scala
$  ls
HelloWorld$ . class HelloWorld. scala
HelloWorld. class
```

编译后可以看到目录下生成了 HelloWorld. class 文件，该文件可以在 JVM 上运行。

编译后，可以使用以下命令来执行程序：

```
$  scala HelloWorld
Hello，World!
```

如此，便可以在窗口中看到 "Hello，World!"。

```
val sqlContext= new org. apache. Spark. sql. SQLContext(sc)
val persons= sqlContext.sql(" SELECT name FROM people WHERE age> = 18 AND age< =
    29")
```

上述三行代码是 Scala 的语法，都声明了两个新变量。与 Java 不同的是，Scala 在声明变量时不给定变量类型，该功能在 Scala 编程语言中称为类型推断，Scala 会从上下文中分析出变量类型。只要在 Scala 中定义新变量，就必须在变量名称前加上 val 或 var。以 val 开头的变量是不可变变量，即一旦为不可变变量赋值，就不能改变；而以 var 开头的变量则是可变变量。

Scala 基本语法的要点如下。

（1）区分大小写。Scala 是大小写敏感的，这意味着标识 Hello 和 hello 在 Scala 中会有不同的含义。

（2）类名。所有类名的第一个字母要大写。如果需要使用几个单词来构成一个类的名称，每个单词的第一个字母要大写。

示例：

```
class MyFirstScalaClass
```

（3）方法名。所有方法名的第一个字母要小写。如果若干单词被用于构成方法的名称，则每个单词的第一个字母应大写。

示例：

```
def myMethodName()
```

（4）程序文件名。程序文件名应该与对象名完全匹配。保存文件时，应该保存它使用的对象名（注意，Scala 区分大小写），并追加 ". scala" 为文件扩展名（如果文件名和对象名不匹配，程序将无法编译）。

示例：假设 "HelloWorld" 是对象名，那么该文件应保存为 HelloWorld. scala。

（5）定义主程序。

```
def main(args, Array [String])
```

Scala 程序从 main() 方法开始处理，这是每个 Scala 程序的强制程序入口。

Spark 框架是用 Scala 语言编写的，在使用 Spark 时，采用与底层框架相同的编程语言有很多优势：系统开销小、可用 Spark 最新的版本、有助于使用者理解 Spark 的原理。

4.2.2　Spark SQL

Spark SQL 的前身是 Shark，为熟悉 RDBMS 但又不理解 MapReduce 的技术人员提供快速上手的工具。随着 Spark 的发展，Shark 对 Hive 的过多依赖不符合 Spark 的 "One Stack to Rule Them All" 的既定方针，制约了 Spark 各个组件的相互集成，所以 Spark SQL 项目被提出。

Spark SQL 摒弃了 Shark 的代码，汲取了 Shark 的一些优点，如内存列存储（In-Memory Columnar Storage）和 Hive 兼容性等，重新开发了 Spark SQL 代码。由于摆脱了对 Hive 的依赖性，Spark SQL 在数据兼容、性能优化和组件扩展方面都得到了极大的提升。

（1）数据兼容方面。不但兼容 Hive，还可以从 RDD、Parquet 文件和 JSON 文件中获取数据，未来版本甚至可支持获取 RDBMS 数据和 Cassandra 等 NoSQL 数据。

（2）性能优化方面。除了采取内存列存储、字节码生成技术（Bytecode Generation）等优化技术外，还引进成本模型（Cost Model）对查询进行动态评估、获取最佳物理计划等。

（3）组件扩展方面。无论是 SQL 的语法解析器、分析器还是优化器都可以重新定义，并进行扩展。

Spark SQL 是基于 Spark 引擎对 HDFS 上的数据集或已有的分布式数据集执行 SQL 查询的。有了 Spark SQL，就能在 Spark 程序中使用 SQL 语句操作数据。Spark SQL 很好地混合了 SQL 查询与 Spark 程序。

Spark SQL 在 Spark 领域中非常流行。简单回顾一下 Shark 的整个发展历史。对于熟悉 RDBMS 但又不理解 MapReduce 的技术人员来说，Hive 提供了快速上手的工具，它是第一个运行在 Hadoop 上 SQL 工具。Hive 基于 MapReduce，但是 MapReduce 的中间过程消耗了大量的 I/O，影响了运行效率。为了提高 Hadoop 上 SQL 的效率，陆续出现一些工具，其中表现较突出的是 MapR 的 Drill、Cloudera 的 Impala 和 Shark。其中，Shark 是伯克利实验室 Spark 生态环境的组件之一，它修改了内存管理、物理计划和执行 3 个模块，并使之能运行在 Spark 引擎上，从而使得 SQL 查询的速度提升 10～100 倍。Shark 依赖于 Hive，如 Shark 采用 Hive 的语法解析器和查询优化器，这制约了 Spark 各个组件的相互集成，所以 Spark SQL 项目被提出。2014 年 6 月 1 日，Shark 项目组宣布停止开发 Shark，将所有资源放在 Spark SQL 项目上。Spark SQL 作为 Spark 生态的一员继续发展，而不再受限于 Hive，只是兼容 Hive。Spark SQL 体系架构如图 4.6 所示。

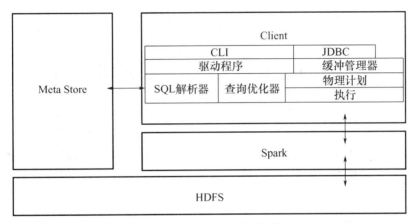

图 4.6　Spark SQL 体系架构

Spark SQL 性能的提升主要缘于其在以下几点做了优化。

（1）内存列存储。Spark SQL 的表数据在内存中存储时采用的不是原生态的 JVM 对象存储方式，而是内存列存储。该存储方式在空间占用量和读取吞吐率上都有很大优势。

（2）字节码生成技术。在数据库查询中有一个"昂贵"的操作是查询语句中的表达式，其主要是由 JVM 的内存模型引起的。查询多次涉及虚函数的调用，虚函数的调用会打断 CPU(Central Processing Unit，中央处理器)的正常流水线处理，降低执行速度。而 Spark SQL 在执行物理计划时，采用特定的代码动态编译匹配的表达式，然后运行，速度更快。

（3）Scala 代码优化。Spark SQL 在使用 Scala 编写代码时，尽量避免低效和容易垃圾回收(Garbage Collection，GC)的代码。尽管增加了编写代码的难度，但对于用户来说还是使用统一的接口，使用上没有任何影响。

4.2.3　Spark Streaming

Spark Streaming 基于 Spark 引擎对数据流进行不间断处理。只要有新的数据出现，Spark Streaming 就能对其进行准实时(数百毫秒级别的延时)转换和处理。Spark Streaming 的工作原理是在小间隔里汇集数据，从而形成小批量数据，然后在小批量数据上运行作业。

使用 Spark Streaming 编写程序与使用 Spark 编写程序非常相似。在 Spark 程序中，

主要通过操作 RDD 提供的接口，如 map、reduce 和 filter 等，实现数据的批处理；而在 Spark Streaming 中，则通过操作 DStream（表示数据流的 RDD 序列）提供的接口，这些接口与 RDD 提供的接口类似。

假设有一个电商网站购买了几个搜索引擎的很多关键词，当用户在各大搜索引擎上搜索数据时，搜索引擎会根据购买的关键词导流到电商网站的相关产品页面上，吸引用户购买这些产品。现在需要分析的是哪些搜索词带来的订单比较多，然后根据分析结果多投放这些转化率比较高的关键词，从而为电商网站带来更多的收益。

原先的做法是每天凌晨分析前一天的日志数据，这种方式的实时性不高，而且由于日志量比较大，单台机器处理会出现瓶颈。现在选择使用 Spark Streaming＋Kafka＋Flume 来处理这些日志，并且运行在 YARN 上，以应对遇到的问题。Kafka 是一种高吞吐量的分布式发布订阅消息系统，可以处理消费者规模较大的网站中的所有动作流数据。Flume 是 Cloudera 提供的一个高可用的、高可靠的和分布式的海量日志采集、聚合和传输的系统，支持在日志系统中定制各类数据发送方，用于收集数据；同时，Flume 具有简单处理数据并写到各种数据接收方的能力。

如图 4.7 所示，业务日志分布在各台服务器上。由于业务量比较大，因此日志都是按小时切分的，用 Flume 实时收集这些日志（图 4.7 中步骤 1），然后发送到 Kafka 集群（图 4.7 中步骤 2）。这里之所以不将原始日志直接发送到 Spark Streaming，是因为即使 Spark Streaming 挂掉了，也不会影响日志的实时收集。

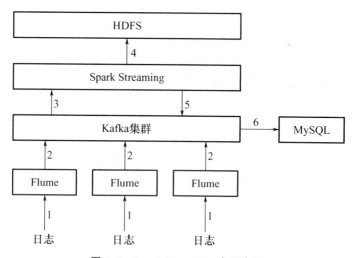

图 4.7　Spark Streaming 应用案例

日志实时到达 Kafka 集群后，再通过 Spark Streaming 实时地从 Kafka 集群获取数据（图 4.7 中步骤 3），然后解析日志，并根据一定的逻辑过滤数据，分析订单与搜索词的关联性。使用 Spark 的 KafkaUtils. createDirectStream API 从 Kafka 中拉数据，代码片段如下：

```
val sparkConf= new SparkConf(). setAppName("OrderSpark")
val sc= new SparkContext(sparkConf)
val ssc= new StreamingContext(sc, Seconds(2))
```

```
val kafkaParams= Map [String, String] (" metadata. broker. list" →
brokerAddress," group. id" →groupId)
val messages = KafkaUtils. createDirectStream [String, String, StringDecoder,
StringDecoder] (SSC, kafkaParams, Set(topic))
```

上述代码中返回的 messages 是一个刚刚创建的 DStream，它是对 RDD 的封装，其上的很多操作都类似于 RDD。CreateDirectStream 函数是从 Spark 1.3.0 版本开始引入的，其内部实现的是调用 Kafka 的低层次 API，Spark 本身维护 Kafka 偏移量等信息，所以可以保证数据零丢失。

为了能够在 Spark Streaming 程序挂掉后能从断点处恢复，每隔 2s 进行一次 Checkpoint 操作，这些 Checkpoint 文件存储在 HDFS 上（图 4.7 中步骤 4）的 Checkpoint 目录中。可以在程序里面设置 Checkpoint 目录 ssc. checkpoint(checkpointDirectory)。

如果需要从 Checkpoint 目录中恢复，可以使用 StreamingContext 中的 GetOrCreate 函数。为了将分析结果共享给其他系统，将分析后的数据重新发送到 Kafka 集群（图 4.7 中步骤 5）。最后，单独启动一个程序，从 Kafka 集群中实时地将分析好的数据保存到 MySQL 中，用于持久化存储（图 4.7 中步骤 6）。

4.3 Storm 开源流计算框架

Storm 是由 Twitter 公司开发的开源的、基于内存进行运算的分布式框架，通过 API，它能够对源源不断流入的数据进行实时计算。Storm 确保处理每一个消息元组（tuple），每个节点每秒钟可以处理数百万个消息元组。在 Storm 集群中，在消息发送节点 Spout 发出消息后，会同步发送一个消息 ID，然后通过进行异或计算判断所有消息是否被唯一正确处理。正是由于 Storm 具有高可靠性和高及时性，所以非常适合对大数据进行实时处理。

4.3.1 Storm 的基本概念

首先通过 Storm 和 Hadoop 的对比来了解 Storm 中的基本概念，如表 4.1 所示。

表 4.1 Storm 和 Hadoop 的对比

基本概念	Hadoop	Storm
系统角色	JobTracker	Nimbus
	TaskTracker	Supervisor
	Child	Worker
应用名称	Job	Topology
组件接口	Mapper/Reducer	Spout/Bolt

下面具体解释表 4.1 中提到的三个 Storm 系统角色概念。

(1)Nimbus。负责资源分配和任务调度。

(2)Supervisor。负责接受 Nimbus 分配的任务，启动和停止属于自己管理的 Worker

进程。

（3）Worker。运行具体处理组件逻辑的进程。

数据流（Stream）是 Storm 中对数据进行的抽象，是元组序列。在 Topology 中，Spout 是 Stream 的源头，负责为 Topology 从特定数据源发射 Stream。Bolt 可以接收多个 Stream 作为输入，进行数据的加工处理；还可以发射出新的 Stream 给下级 Bolt 进行处理。Topology 中的每一个计算组件都有一个并行执行度，可以在创建 Topology 时指定，Storm 会在集群内分配相应并行执行度个数的 Task 线程来同时执行这一组件。一个 Spout 或 Bolt 可有多个 Task 线程来执行组件。

Storm 提供若干种数据流分发（Stream Grouping）策略来解决两个组件（Spout 和 Bolt）之间发送元组的问题。在 Topology 定义时，需要为每个 Bolt 指定接收什么样的 Stream 作为输入。目前 Storm 中提供以下几种数据流分发策略。

（1）Shuffle Grouping（随机数据流组）。是最常用的数据流组。它只有一个参数（数据源组件），并且数据源会向随机选择的 Bolt 发送元组，保证每个消费者收到相近数量的元组。

（2）Fields Grouping（域数据流组）。允许基于元组的一个或多个域控制如何把元组发送给 Bolt，保证拥有相同域组合的值集发送给同一个 Bolt。

（3）All Grouping（全部数据流组）。为每个接收数据的实例复制一份元组副本。这种分组方式用于向 Bolt 发送信号。例如，如果要刷新缓存，可以向所有 Bolt 发送一个刷新缓存信号。

（4）Global Grouping（全局数据流组）。把所有数据源创建的元组发送给单一目标实例拥有最小 ID 的任务。

（5）None Grouping（不分组）。

（6）Direct Grouping（指向型分组）。这是一个特殊的数据流组，数据源可以用它决定哪个组件接收元组。例如，数据源可根据单词首字母决定由哪个 Bolt 接收元组。

（7）Local or Shuffle Grouping（本地或随机分组）。当同一个 Worker 进程中有目标 Bolt 时，将把数据发送到这些 Bolt 中；否则，功能将与随机分组相同。该方法取决于 Topology 的并发度，本地或随机分组可以减少网络传输，从而提高 Topology 性能。

（8）Partial Key Grouping（部分 Key 分组）。数据流根据域进行分组，类似于按字段分组，但是将在两个下游 Bolt 之间进行负载均衡，当资源发生倾斜时能够更有效率地使用资源。

Storm 的适用场景有以下三种。

（1）流数据处理。Storm 可以用来处理源源不断的消息，并将处理后的结果保存到数据库中。

（2）连续计算。Storm 可以进行连续查询并把结果即时反馈给客户，如将热门话题发送到客户端等。

（3）分布式远程过程调用（Remote Procedure Call，RPC）。由于 Storm 的处理组件都是分布式的，而且处理延迟的效率极低，因此 Storm 可以作为一个通用的分布式 RPC 框架来使用。

4.3.2　Spout 和 Bolt

Spout 和 Bolt 都是 Storm 的组件。Storm 使用元组作为数据模型，元组就是一组命名的值，元组中的字段可以是任何类型的对象。Storm 支持所有的基本类型，string 和 byte 数组作为元组字段值。如果要使用自己定义的类型，只需为自己定义的类型实现并注册一个 serializer(串行器：把并行数据变成串行数据的寄存器)。每个节点必须为输出的元组定义字段名。

Spout 可继承 BaseRichSpout，或者继承实现 IRichSpout 和 IComponent 接口。Spout 是 Storm 中数据流的源头，是数据的发送者。以下几组回调函数对应 ISpout 的生命周期。

(1)open 和 close。分别在初始化完成后和关闭前调用。在数据发送之前将所需的上下文初始化工作放到 open 中进行，将相应的清理工作放到 close 中进行。

(2)ack 和 fail。当数据在下一跳处理完成后被调用，分别对应处理成功和失败的情况。ack 可清除处理成功的消息，而 fail 实现消息的重新发送。

(3)deactivate 和 activate。分别在 Spout 被去激活和重新激活时被调用。当 Spout 被去激活以后，发送消息的方法将不会被调用。

(4)nextTuple。是最重要的一个方法，用于发射数据，方法名 Tuple 即 Storm 中流动的数据。其对应参数分别为配置信息、上下文信息和用于发射数据的 SpoutOutputCollector。

Bolt 可以实现实际的数据处理逻辑，对应 IBolt 的 UML 如下。

(1)prepare 和 cleanup。与 ISpout 中的 open 和 close 功能一样，这里不再赘述。

(2)execute。实际的数据处理逻辑，Tuple 在上面提到过，为数据的抽象。处理完成后，既可以发送到下一个 Bolt，也可以输出。

4.3.3　Topology

在 Storm 中，先要设计一个用于实时计算的图状结构，即拓扑(Topology)结构。该 Topology 将会被提交给集群，由集群中的主控节点分发代码，将任务分配给工作节点执行。一个拓扑包括 Spout 和 Bolt 两种角色，其中 Spout 发送消息，负责将数据流以元组的形式发送出去；而 Bolt 则负责转换这些数据流，在 Bolt 中可以完成计算和过滤等操作，Bolt 自身也可以随机将数据发送给其他 Bolt。因此，Storm 集群的输入流由 Spout 组件管理，Spout 把数据传递给 Bolt，Bolt 把数据保存到某种存储器或传递给其他 Bolt。也就是说，一个 Storm 集群在一连串的 Bolt 之间转换 Spout 传送过来的数据。由 Spout 发射出的 tuple 是不可变数组，对应固定的键值对。

Storm 的拓扑结构如图 4.8 所示，Spout 作为 Storm 中的消息源，用于为 Topology 生产消息，一般从外部数据源(如 Message Queue、RDBMS、NoSQL 和日志文件)不间断地读取数据并发送 Topology 消息。Bolt 作为 Storm 中的消息处理者，为 Topology 处理消息，可以执行过滤、聚合和查询数据库等操作，并且可以分级递进处理。最终，Topology 会被提交到 Storm 集群中运行，也可以通过命令停止运行 Topology，将 Topology 占用的计算资源归还给 Storm 集群。一个元组从 Spout 发出后，可能会创建数百个元组，可以将其称为消息树，Spout 节点称为树根。Storm 会跟踪这棵消息树的处理情况，只有这棵消息树中的所有消息都被处理了，Storm 才认定 Spout 发出的这条消息被完全唯一处理。如

果消息树中的某一消息处理遇到问题，Spout 就会重新发送消息。因此，开发 Storm 项目的第一步就是设计 Topology，确定好数据处理逻辑。

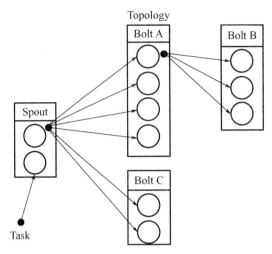

图 4.8　Storm 的拓扑结构

　知识拓展

Hadoop 架构在我国著名 IT 企业中的应用

Hadoop 架构得以在大数据处理应用中广泛应用得益于其自身在数据提取、变形和加载（ETL）方面上的天然优势。自 Hadoop 架构推出以来，我国一些著名的 IT 企业都建立了自己的 Hadoop 集群系统，为数字经济发展和数字中国建设做出了重要的贡献。正如党的二十大报告中指出的，要"加快发展数字经济，促进数字经济和实体经济深度融合，打造具有国际竞争力的数字产业集群。"

1. 百度

百度在 2006 年就开始关注 Hadoop 并开始调研和使用，2012 年其总的集群规模超过 7 个。单集群超过 2800 台机器节点，Hadoop 机器总数有上万台机器，总的存储容量超过 100PB，已经使用的超过 74PB，每天提交的作业数目有数千个之多，每天的输入数据量已经超过 7500TB，输出超过 1700TB。

百度的 Hadoop 集群为整个公司的数据团队、大搜索团队、社区产品团队、广告团队，及 LBS 团体提供统一的计算和存储服务，主要应用包括：数据挖掘与分析、日志分析平台、数据仓库系统、推荐引擎系统、用户行为分析系统，同时百度在 Hadoop 的基础上还开发了自己的日志分析平台、数据仓库系统，以及统一的 C＋＋编程接口，并对 Hadoop 进行深度改造，开发了 HadoopC＋＋扩展 HCE 系统。

2. 阿里巴巴

阿里巴巴的 Hadoop 集群截至 2012 年大约有 3200 台服务器，大约 30000 物理 CPU 核心，总内存 100TB，总的存储容量超过 60PB，每天的作业数目超过 150000 个，每天 hive query 查询大于 6000 个，每天扫描数据量约为 7.5PB，每天扫描文件数约为 4 亿，存储利用率大约为 80％，CPU 利用率平均为 65％，峰值可以达到 80％。

阿里巴巴的 Hadoop 集群拥有 150 个用户组、4500 个集群用户，为淘宝、天猫、支付宝等提供底层的基础计算和存储服务，主要应用包括：数据平台系统、搜索支撑、广告系统、数据魔方、量子统计、淘数据、推荐引擎系统等。为了便于开发，阿里巴巴还开发了 WebIDE 继承开发环境，使用的相关系统包括：Hive、Pig、Mahout、Hbase 等。

3. 腾讯

腾讯也是使用 Hadoop 最早的中国互联网公司之一，截至 2012 年年底，腾讯的 Hadoop 集群机器总量超过 5000 台，最大单集群约为 2000 个节点，并利用 Hadoop-Hive 构建了自己的数据仓库系统 TDW，同时还开发了自己的 TDW-IDE 基础开发环境。腾讯的 Hadoop 集群系统为腾讯各个产品线提供基础云计算和云存储服务，其支持以下产品：腾讯社交广告平台、搜搜（SOSO）、拍拍网、腾讯微博、腾讯罗盘、QQ 会员、腾讯游戏、QQ 空间、朋友网、腾讯开放平台、手机 QQ、QQ 音乐等。

小　　结

本章对大数据阐述了处理与计算方面的知识，分别介绍了 Hadoop 处理框架、Spark 处理框架和 Storm 开源流计算框架，重点阐述了 HDFS、MapReduce 和 YARN 的架构，并对分布式协作服务 ZooKeeper 的逻辑进行了讲解，还介绍了 Spark 中用到的 Scala 和 Spark SQL，同时阐述了 Spark Streaming 的概念，给出一个应用实例，介绍了 Storm 中的相关概念、重要组件 Spout 和 Bolt、Storm 的拓扑结构。

 关键术语

(1) Storm 集群　　　(2) Hadoop 框架　　　(3) HDFS　　　(4) MapReduce
(5) Spark 框架　　　(6) Storm 开源流计算框架

习　　题

1. 选择题

(1) HDFS 优化了大文件的流式读取方式，把一个大文件分割成一个或者多个数据块，默认的大小为（　　　）。

　　A. 64MB　　　　　B. 32MB　　　　　C. 64KB　　　　　D. 32KB

(2) HDFS 中的 Block 默认保存份数为（　　　）。

　　A. 1 份　　　　　B. 2 份　　　　　C. 3 份　　　　　D. 不确定份数

(3)（　　　）通常与 NameNode 在一个节点启动。

　　A. SecondaryNameNode　　　　　　　B. DataNode

　　C. TaskTracker　　　　　　　　　　D. JobTracker

(4)（　　　）通常是集群最主要的性能瓶颈。

　　A. CPU　　　　　B. 网络　　　　　C. 磁盘　　　　　D. 内存

(5)（　　　）不是 RDD 的特点。

    A. 可分区   B. 可序列化   C. 可修改   D. 可持久化

(6)下面(　　)不是 Spark 的四大组件。

    A. Spark Streaming   B. MLib   C. GraphX   D. Spark R

2. 判断题

(1)Hadoop 是用 Java 语言编写的，所以 MapReduce 只支持用 Java 语言编写。

                                                                              （　　）

(2)Hadoop 支持数据的随机写操作。   （　　）

(3)BlockSize 是不能被修改的。   （　　）

(4)如果 NameNode 意外终止，SecondaryNameNode 会接替它使集群继续工作。

                                                                              （　　）

(5)Spark Job 默认的调度模式是 FIFO。   （　　）

(6)YARN 是一种新型的 Hadoop 资源管理器，也是一个通用资源管理系统。（　　）

3. 简答题

(1)Hadoop 集群可以在哪三种模式下运行？

(2)单机模式中有哪些需要注意的地方？

(3)简述 ZooKeeper 的数据模型结构。

(4)Scala 基本语法的要点有哪些？

(5)简述 Storm 的拓扑结构。

(6)简述名字节点的重要性。

【第 4 章　习题答案】

第5章
大数据分析

【大数据分析对人们
阅读习惯的影响】

本章教学要点

知 识 要 点	掌 握 程 度	相 关 知 识
描述性分析	熟悉	平均数、中位数、众数和极差等指标的特征
探索性分析	熟悉	探索性分析的含义和特点
验证性分析	熟悉	验证性分析的含义和步骤
回归分析	掌握	线性回归和逻辑回归的含义
关联分析	掌握	Apriori 算法和 FP-Growth 算法的步骤
分类	掌握	朴素贝叶斯、决策树和支持向量机的含义
聚类	掌握	k-means 算法和 DBSCAN 算法的步骤
Excel	熟悉	Excel 数据处理的插件和优点
R	熟悉	R 的构成、特点和优缺点
RapidMiner	了解	RapidMiner 的含义和特点
KNIME	了解	KNIME 的优点和功能
Weka	了解	Weka 的优点和功能

数据分析是大数据价值链中最重要的阶段,其目的是挖掘数据中潜在的价值以提供相应的建议或策略。分析不同领域中的数据集,可以使数据在不同层面发挥最大价值。本章将从三个方面介绍大数据分析的相关内容:大数据分析的类型、方法和工具。

5.1 大数据分析的类型

在商业智能、科学研究、互联网应用和电子商务等领域,数据增长速度极快,要想分析和利用好这些数据,必须依赖于有效的数据分析技术。同时,为了从数据中发现知识,帮助决策人作出有效的决策,需要对数据进行深入的分析,而非简单地生成报表。大数据分析的类型有描述性分析、探索性分析和验证性分析,下面进行详细介绍。

【视频大数据
分析】

5.1.1 描述性分析

描述性分析是指通过图表形式加工处理和显示收集的数据，进而综合概括和分析出反映客观现象的规律，即描绘或总结所采集到的数据。常用的描述数据的指标有平均数、中位数、众数、极差、分位距、平均差、标准差和离散系数等。

1. 描述数据的集中趋势

(1)平均数。概括数据的强有力的指标。通过消除极端数据的差异将大量的数据浓缩成一个数据来概括，可以较好地实现数据集中趋势的度量，但这种过度的浓缩容易受极端值影响。

(2)中位数。按顺序排列的一组数据中居于中间位置的数，主要用于描述顺序数据的集中趋势，也适用于定量数据的集中趋势分析，但并不适用于分类数据的描述或分析。中位数是一个位置代表值，其特点是不受极端值的影响，可以用于分析收入分配等数据。

(3)众数。一组数据中出现次数最多的变量值，主要用于描述分类数据的特点，也可用于顺序数据和定量数据的特征分析。众数一般在数据量较大的情况下才有意义。其主要特点是不受极端值的影响，但是在一组数据中可能不唯一，即可能存在多个众数或者没有众数。

2. 描述数据的离中趋势

(1)极差。又称为全距，是一组数据中最大值和最小值的差，是测定离中趋势的指标之一。它能说明数据组中各数据值的最大变动范围，但由于它是根据数据组的两个极端值进行计算的，并没有考虑到中间值的变动情况，因此不能充分反映数据组中各项数据的离中趋势，只是一个较粗糙的测定数据离中趋势的指标。在实际应用中，极差可用于粗略检查产品质量的稳定性或进行产品质量控制等。

(2)分位距。从一组数据中剔除了一部分极端值后重新计算的类似于全距的指标。例如，四分位距是第3个四分位数减去第1个四分位数的差的一半，排除了数列两端各25%的数据的影响，反映了数据组中间部分各变量值的最大值与最小值距离中位数的平均离差。

(3)平均差。反映数据组中各项数据与算术平均数之间的平均差异。平均差越大，表明各项数据与算术平均数的差异程度越大，则该算术平均数的代表性就越小；反之，平均差越小，该算术平均数的代表性就越大。当变量数列由没有分组的数据构成时，可采用平均差分析该数列。

(4)标准差。其本质与平均差基本相同，只是在数学处理方法上与平均差不同，平均差用取绝对值的方法消除离差的正负号，然后用算术平均的方法求出平均离差；而标准差用平方的方法消除离差的正负号，然后对离差的平方计算算术平均数，最后开方求出标准差，既克服了平均差消除正负号带来的弊病，又增强了指标本身的"灵敏度"，因此标准差是描述数据离中趋势的重要指标。

(5)离散系数。比较数据平均水平不同的两组数据离中程度的大小，即相对离中程度。与标准差相比，离散系数的优势在于不需要参照数据的平均值。离散系数是一个无量纲的指标，因此在比较量纲不同或均值不同的两组数据时，应该采用离散系数而非标准差作为参考指标。

5.1.2 探索性分析

探索性分析在20世纪60年代被提出，由美国著名统计学家约翰·图基命名。探索性分析是指在尽量少的先验假设下对已有的原始数据进行探索，通过作图、制表、方程拟合和计算特征量等手段探索数据的结构与规律的一种数据分析技术。对这些数据中的信息没有足够的处理经验，不知道该用何种传统统计方法进行分析时，探索性分析就会非常有效。

【探索性因子分析法】

提出探索性分析的主要原因是在初步分析数据时，往往无法进行常规的统计分析。而如果分析者先对数据进行探索性分析，辨析并有序地发掘出数据的模式与特点，就能够灵活地选择和调整合适的分析模型，并揭示出数据相对于常见模型的偏离情况。在此基础上，采用以显著性检验和置信区间估计为主的统计分析技术，就可以科学地评估所观察到的模式或效应的具体情况。

探索性分析主要有以下三个特点。

(1)在分析思路上探索数据内在规律，不进行或不局限于某种数据的假设。传统的统计方法通常是先假定一个模型，如假设数据服从某个分布模型；然后使用适合此模型的方法进行拟合、分析和预测。但实际上，多数数据尤其是实验数据并不能保证满足假定的理论分布。因此，传统方法的统计结果常常并不令人满意，而且在使用上有很大的局限性。探索性分析则可以从原始数据出发，深入探索数据的内在规律，而不是从某种假定出发，套用理论，拘泥于模型的假设。

(2)探索性分析采用的方法灵活多样，并不局限于传统的统计方法。传统的统计方法以概率论为基础，使用有严格理论依据的假设检验和置信区间等处理工具。用探索性分析方法处理数据的方式则灵活多样，方法的选择完全从数据出发，灵活地对待和处理，什么方法可以达到探索和发现的目的就使用什么方法。同时，探索性分析更看重方法的稳健性，而不刻意追求概率意义上的精确性。

(3)探索性分析选用的工具简单直观、更易于普及。传统的统计方法比较抽象和深奥，一般人难以掌握；而探索性分析强调的则是直观和数据可视化，注重方法的多样性及灵活性，使分析者能一目了然地看出数据中隐含的有价值的信息，显示出其遵循的规律和特点，从而达到分析的目的。

5.1.3 验证性分析

验证性分析是指运用各种定性或定量的分析方法和理论，对事物未来发展的趋势进行判断和推测，并且构建出相应的模型；然后通过已有的数据验证所提出的模型。例如，分析者要研究顾客的忠诚度情况，首先将忠诚度拆解成购买频率、主观评估和消费比例等指标来进行衡量，然后构建出忠诚度模型，最后利用收集到的数据检验模型的可靠性。

【验证性因子分析法】

验证性分析主要有以下五个步骤。

(1)构建因子模型。包括选择因子的个数和载荷，载荷可以事先定为0或者其他常数等。

(2)收集观测值。定义了模型之后，根据研究目的收集观测值。

（3）获得相关系数矩阵。因为基于原始数据相关系数矩阵的分析结果具有可比性，所以在拟合模型之前要根据资料获得所需的相关系数矩阵。

（4）根据数据拟合模型，选择方法估计自由变化的因子载荷。在多元正态分布的条件下，常用的方法有极大似然估计和渐进分布自由估计。

（5）评价模型是否合理。当因子模型能够拟合数据时，因子载荷的选择要使模型暗含的相关系数矩阵与实际观测矩阵之间的差异最小。常用的模型适应性检验方法是卡方拟合优度检验。

验证性分析与探索性分析的不同之处在于，探索性分析致力于找出事物内在的本质结构，即得到影响观测变量的因子个数及各个因子和观测变量之间的相关程度；而验证性分析则主要检验已知的特定结构是否按照预期的方式发挥作用。如果分析者没有坚实的理论基础来支撑有关观测变量内部结构的假定，一般先用探索性分析产生关于内部结构的理论，在此基础上进行验证性分析。但这两种方法采用的数据集不能重合，否则会影响分析结果的有效性。

5.2　大数据分析的方法

大数据对企业而言是非常有价值的特殊财富，这也是分析大数据的真正出发点，通过将大数据和分析技术相结合，可以为工作提出新的见解。了解大数据分析的相关方法，将有助于研究和分析需求，以及基于业务目标、初始假设、数据结构与数量来选择合适的技术。下面介绍几种常用的大数据分析方法。

【回归分析的示例】

5.2.1　回归分析

回归分析类似于分类，但它不是仅用于描述类的模式，而是通过查找模式确定数值。简单的线性拟合技术就是回归分析的一个例子，其结果是一个函数，可以根据输入值确定输出值。更高级的回归形式支持分类输入和数值输入。回归分析常用的技术是线性回归和逻辑回归。通过回归分析可以解决许多商业问题，如根据债券的面值、发行方式、发行数量和发行季节来预测赎回率；根据温度、大气压力和湿度来预测风速。

回归分析关注的是输入变量和结果之间的关系，通过回归分析可以了解一个目标变量如何随着属性变量的变化而变化，如想要预测客户的生命周期价值、了解主要的影响因素等。回归分析的结果可以是连续的或离散的，如果是离散的，还可以预测各个离散值产生的概率。

1. 线性回归

线性回归是利用线性回归方程的最小平方函数对一个或多个自变量和因变量之间的关系进行建模的一种回归分析。该函数是一个或多个称为回归系数的模型参数的线性组合。只有一个自变量的情况称为简单回归，多于一个自变量的情况称为多元回归。线性回归适用于处理数值型的连续数据。

在线性回归中，使用线性预测函数来对数据建模，并且未知的模型参数也是通过数据来估计的，而所构成的模型称为线性回归模型。其中，最常用的线性回归建模是给定 x 值时，y 的条件均值是 x 的仿射函数。线性回归模型可以用由一个中位数或一些其他给定 x 的条件下 y 的条件分布的分位数所构成的线性函数表示。与其他形式的回归分析一样，线性回归也把焦点放在给定 x 值时 y 的条件概率分布上，而不是放在 x 和 y 的联合概率分布上。

线性回归模型经常采用最小二乘法来拟合，也可以用其他方法。例如，用最小化"拟合缺陷"的最小绝对误差回归，或者最小化最小二乘损失函数惩罚的桥回归。因为最小二乘法也可以用来拟合非线性模型，所以尽管最小二乘法和线性模型有关联，但两者之间不能画等号。

由于线性依赖于其未知参数的模型比非线性依赖于其位置参数的模型更容易拟合，而且所要估计的统计特性也更容易确定，因此线性回归在实际中得到了广泛的运用。但是线性回归存在一些缺陷，如当数据呈现非线性关系时，线性回归将只能得到一条"最适合"的直线。

2. 逻辑回归

逻辑回归是一种广义线性回归，与多重线性回归有很多相同之处，如模型形式基本相同。逻辑回归的因变量可以是二分类的，也可以是多分类的，但是二分类的因变量更常用，也更容易解释。它的核心思想是，如果回归的结果输出是一个连续值，而值的范围是无法限定的，那么将这个连续结果值映射为可以帮助分析者判断的结果值，从而进行分类。所以，从本质上讲，逻辑回归是在回归的基础上进行了改进，而被用于分类问题上。

逻辑回归的适用条件如下。

（1）因变量为二分类的分类变量或某事件的发生概率，并且该概率是数值型变量。但逻辑回归不适用于分析重复计数现象指标。

（2）残差和因变量都要服从二项分布。因为二项分布对应的是分类变量，而不是正态分布，因此不用最小二乘法，而用最大似然法来解决方程估计和检验问题。

（3）自变量和对应的发生概率是线性关系。

（4）各观测对象之间相互独立。

逻辑回归的实质是发生的概率除以没有发生的概率再取对数，通过该变换可以使因变量与自变量之间呈线性关系，从而解决了因变量与自变量之间的曲线关系问题。因此，逻辑回归从根本上解决了因变量不是连续变量时的分析问题。由于有很多实际问题与逻辑模型吻合，如学生考试是否通过与复习时间的关系，因此逻辑回归得到了广泛的应用。

5.2.2　关联分析

关联规则是日常生活中认识客观事物形成的一种认知模式，如通过观察哪些商品经常被购买来了解用户的购买行为，从而帮助商家获得盈利。从大规模数据集中寻找物品间的隐含关系称为关联分析。以上述的商品推荐为例，其主要问题在于寻找物品的不同组合是一项十分耗时的任务，所需的计算代价较高，盲目地搜索并不能解决问题，需要采用有效的方法，

在合理的时间内找到频繁项集，而关联分析算法则可以很好地解决该问题。

1. 有趣关系

关系是指人与人之间、人与事物之间、事物与事物之间的相互联系。关联分析是在大数据中寻找有趣关系的方法。其中有趣关系分为两种：频繁项集和关联规则。频繁项集是经常出现在一起的物品的集合；关联规则是暗示两种物品之间可能存在的关联性很强的关系。下面举例说明两者的概念，表5.1为某个超市的购物记录。

表5.1 某个超市的购物记录

交易号码	商　　品
0	豆奶、莴苣
1	莴苣、尿布、啤酒、甜菜
2	豆奶、尿布、啤酒、橙汁
3	莴苣、豆奶、尿布、啤酒
4	莴苣、豆奶、尿布、橙汁

在找出频繁项集和关联规则之前，需要先定义以下两个概念。

(1) 支持度。数据集包含该项集的记录所占的比例。在5条记录中，{豆奶} 的支持度为4/5，{豆奶，尿布} 的支持度为3/5。支持度是针对项集而言的，因此可以定义一个最小支持度，将满足最小值尺度的项集作为频繁项集。

(2) 置信度。针对如 {尿布} → {啤酒} 的关联规则来定义。规则 {尿布} → {啤酒} 的置信度被定义为"支持度（{尿布，啤酒}）/支持度（{尿布}）"，由于 {尿布，啤酒} 的支持度为3/5，{尿布} 的支持度为4/5，所以 "{尿布} → {啤酒}" 的置信度为3/4[(3/5)/(4/5)]。这意味该规则适用于75%包含"尿布"的记录。

由于频繁项集是指经常出现在一起的物品的集合，因此当规定最小支持度为50%时，{豆奶，尿布} 是频繁项集的一个数据集，而从该数据集中可以找到的关联规则有 {尿布} → {啤酒}，即如果顾客购买了尿布，那么他很可能会购买啤酒。

2. Apriori 算法

发现元素之间的不同组合是一项十分耗时的任务，不可避免地需要大量计算资源，这就需要更有效的方法在合理的时间范围内找到频繁项集，而 Apriori 算法则是发现频繁项集的一种常用方法。

Apriori 算法的输入参数有最小支持度和数据集。Apriori 算法的实质是使用候选项集查找频繁项集，采用逐层搜索的迭代方法，即k-项集用于搜索$(k+1)$-项集。其主要思路是首先找出频繁1-项集的集合L_1，然后L_1被用于查找频繁2-项集的集合L_2，而L_2被用于查找L_3，直到不能找到频繁k-项集，其中查找每个集合时都需要扫描一次数据库。

Apriori 算法的核心性质是频繁项集的所有非空子集也必须都是频繁的。例如，假定 $\{c,d,e\}$ 是频繁项集，因为任何包含项集 $\{c,d,e\}$ 的事务一定包含子集 $\{c,d\}$、$\{c,e\}$、$\{d,e\}$、$\{c\}$、$\{d\}$ 和 $\{e\}$，所以如果 $\{c,d,e\}$ 是频繁的，那么它的所有子集也一定是频繁的。该性质属于一种特殊的分类，称为反单调，即如果一个集合不能通过测试，则它的所有超集也都不能通过相同的测试。例如，项集 $\{a,b\}$ 是非频繁的，则其所有超集也一定是非频繁的，即一旦发现 $\{a,b\}$ 是非频繁的，则整个包含 $\{a,b\}$ 超集的子图可以被立即剪枝。这种基于支持度度量修剪指数搜索空间的策略称为基于支持度的剪枝。该剪枝策略依赖于支持度度量的一个关键性质——一个项集的支持度绝不会超过其子集的支持度，因此也称为支持度度量的反单调性。

Apriori 算法的关键是通过 L_{k-1} 查找 L_k，具体过程如下。

（1）连接。L_{k-1} 与自己连接产生候选 k-项集的集合 C_k。L_{k-1} 中某个元素与其中另一个元素可以执行连接操作的前提是它们中有 $(k-2)$ 个项是相同的，即只有一个项是不同的。例如，项集 $\{I_1,I_2\}$ 与 $\{I_1,I_5\}$ 连接之后产生的项集是 $\{I_1,I_2,I_5\}$，而 $\{I_1,I_2\}$ 与 $\{I_3,I_4\}$ 则不能进行连接操作。

（2）剪枝。因为候选项集 C_k 的元素可以是频繁的，也可以是非频繁的，并且所有的频繁 k-项集都包含在 C_k 中，所以 C_k 是 L_k 的一个父集。扫描数据库，确定 C_k 中每个候选项集的计数，从而确定 L_k，根据定义，计数值不小于最小支持度计数的所有候选集都是频繁的，从而得到 L_k。然而，当 C_k 很大时所涉及的计算量就会很大，因此为了压缩 C_k，删除其中肯定不是频繁项集的元素，可以利用 Apriori 算法的性质，即任何非频繁的 $(k-1)$-项集都不可能是频繁 k-项集的子集。也就是说，如果一个候选 k-项集的 $(k-1)$-子集不在 L_{k-1} 中，则该候选项集也不可能是频繁的，从而可以从 C_k 中删除。这种子集测试可以使用所有频繁项集的散列树来快速完成。

下面通过举例说明 Apriori 算法的过程，如图 5.1 所示。

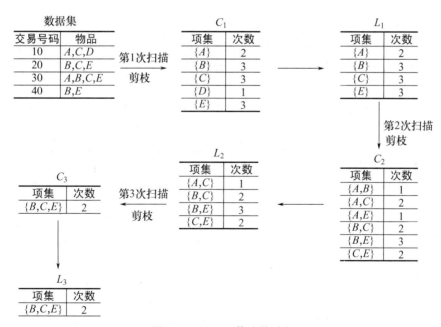

图 5.1 Apriori 算法的过程

确定频繁项集的过程如下。

（1）在数据库中进行第 1 次扫描剪枝，删除小于阈值"次数"的项集，得到 L_1。

（2）对 L_1 进行连接操作，得到候选项集 C_2。

（3）对 C_2 进行第 2 次扫描剪枝，删除小于阈值次数的项集，得到 L_2。

（4）对 L_2 进行连接操作，得到候选项集 C_3。

（5）对 C_3 进行第 3 次扫描剪枝，得到频繁项集 $\{B,C,E\}$，即为所需的结果。

Apriori 算法从单元素项集开始，通过组合满足最小支持度要求的项集来形成更大的集合，从而找到所有的频繁项集。但是每次增大频繁项集，Apriori 算法都会重新扫描数据库，而当数据库的数据量很大时，就会显著降低查找频繁项集的速度。因此，下面将介绍 FP-Growth 算法，该算法只需要对数据库进行 2 次扫描，就能够显著加快查找频繁项集的速度。

3. FP-Growth 算法

FP-Growth 算法是基于 Apriori 算法构建的，但由于采用高级的数据结构，因此减少了扫描次数，即只需对数据库进行 2 次扫描，而 Apriori 算法会对每个潜在的频繁项集扫描数据集，从而判定给定模式是否频繁，因此 FP-Growth 算法的速度比 Apriori 算法快。查找完所有的频繁项集之后，FP-Growth 算法产生关联规则的步骤与 Apriori 算法是相同的。

FP-Growth 算法是由韩嘉炜等提出的关联分析算法，将树状结构引入算法，采取分治策略，即将提供频繁项集的数据库压缩到一棵频繁模式树，但仍保留项集的关联信息。FP-Growth 算法的过程如下。

（1）先扫描一次数据集，得到单元素项集，定义最小支持度，并且删除小于最小支持度的项集；然后将元素按照递减顺序排列，并且根据元素出现次数重新调整数据库中的记录。

（2）第二次扫描，按照从上到下的顺序（降序）创建项头表和频繁模式树。

（3）可以按照从下到上的顺序找到每个元素的条件模式基，递归调用树状结构，删除小于最小支持度的节点。如果最终呈现单一路径的树状结构，则直接列举所有组合；如果呈现的是非单一路径的树状结构，则继续调用树状结构，直到形成单一路径。

下面通过举例说明 FP-Growth 算法的过程。数据库记录见表 5.2，则确定频繁项集的过程如下。

（1）扫描数据库，对每个元素进行计数，定义最小支持度为 20%，删除小于最小支持度的项集，并且按照降序重新排列元素，然后按照元素出现次数重新调整数据库中的记录，见表 5.3。

表 5.2　数据库记录

编　号	项　　集
1	I_1, I_2, I_5
2	I_2, I_4
3	I_2, I_3
4	I_1, I_2, I_4
5	I_1, I_3
6	I_2, I_3
7	I_1, I_3
8	I_1, I_2, I_3, I_5
9	I_1, I_2, I_3

表 5.3　重新调整后的数据库记录

编　号	项　　集
1	I_2, I_1, I_5
2	I_2, I_4
3	I_2, I_3
4	I_2, I_1, I_4
5	I_1, I_3
6	I_2, I_3
7	I_1, I_3
8	I_2, I_1, I_3, I_5
9	I_2, I_1, I_3

（2）再次扫描数据库，创建项头表和频繁模式树，如图 5.2 所示。

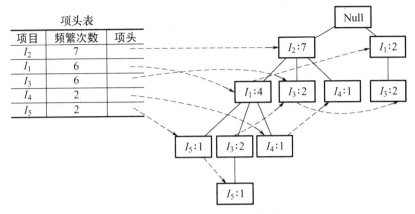

图 5.2 项头表和频繁模式树

（3）按照从下到上的顺序，得到条件模式基，递归调用树状结构，删除小于最小支持度的节点，从而找到频繁项集。例如，顺着 I_5 的链表，找出所有包含 I_5 的前缀路径，这些前缀路径就是 I_5 的条件模式基，即 $<\{I_2,I_1:1\}>$ 和 $<\{I_2,I_1,I_3:1\}>$，删除小于支持度的节点，形成单条路径后进行组合，得到 I_5 的频繁项集为 $\{\{I_2,I_5:2\}、\{I_1,I_5:2\}、\{I_2,I_1,I_5:2\}\}$。同理，$I_4$ 的频繁项集为 $\{\{I_2,I_4:2\}\}$；I_3 的频繁项集为 $\{\{I_2,I_3:4\}、\{I_1,I_3:4\}、\{I_2,I_1,I_3:2\}\}$；$I_1$ 的频繁项集为 $\{I_2,I_1:4\}$。

FP-Growth 算法作为一种发现数据集中频繁模式的有效方法，采用了 Apriori 算法的思想，且只对数据集扫描 2 次，第 1 次是对所有元素的出现次数进行计数，而第 2 次扫描时只考虑那些频繁元素。

关联分析是数据分析中比较重要的方法，在由计算机辅助进行的数据处理中，所有频繁项集的问题都能用基于关系型数据库的统计方法进行分析。如果数据规模巨大，则可以用分布式关系型数据库或者抽样数据进行分析。关联分析在农业、军事、医学等领域有着广泛的应用，是帮助人们认识事物之间关联关系的重要手段。

5.2.3 分类

分类作为数据分析中的重要分支，在各方面都有着广泛的应用，如客户分析、垃圾邮件过滤、医学疾病判别等。分类问题可以分为两种，即归类和预测。归类是指对离散数据的分类，如根据一个人的生活习惯判断出其性别；预测是指对连续数据的分类，如预测第二天 10：00 的天气湿度情况。

【机器学习的十大算法】

分类的主要任务是预测目标所属的类别。与聚类不同的是，分类中的类别是事先定义好的。通常数据分类包括两个步骤：①构造模型，利用训练数据集训练分类器；②利用构建好的分类器对测试数据进行分类。下面介绍三种常见的分类方法。

1. 朴素贝叶斯

在众多分类模型中，应用较为广泛的两种是朴素贝叶斯模型和决策树模型。与决策树模型相比，朴素贝叶斯模型发源于古典数学理论，有着坚实的数学基础和稳定的分类

效率。同时，朴素贝叶斯模型所需估计的参数很少，对缺失数据不太敏感，算法也比较简单。

贝叶斯分类是一类分类算法的总称，这类算法均以贝叶斯定理为基础，故统称为贝叶斯分类。而朴素贝叶斯分类是贝叶斯分类中最简单也是最常见的一种分类方法。在朴素贝叶斯模型中，通常输入的变量都是离散型的，也有一些改进的算法可以处理连续型变量。算法的输入是概率的打分，通常是0～1，可以根据概率最高的类来进行预测。根据概率模型的特征，朴素贝叶斯能够在有监督的环境下有效地进行训练。贝叶斯理论被广泛应用于文本分类中，如可以进行网页内容的主题分类、垃圾邮件的识别等。

理论上，朴素贝叶斯模型与其他分类方法相比具有最小的误差率，但实际上并非总是如此，因为朴素贝叶斯模型假设属性之间相互独立，而该假设在实际应用中往往不成立，从而影响了朴素贝叶斯模型的正确分类。

2. 决策树

决策树是一种常见且灵活的开发数据挖掘应用的方法，包括分类树和回归树。其中，分类树是将要预测的数据划分到同质的组中，通常应用于二分变量或多分变量的分类；回归树是回归的变种，通常每个节点返回的是目标变量的平均值，常应用于连续型数据的分类，如账户支出或个人收入。

决策树的输入值可以是连续的也可以是离散的，输出的是用来描述决策流程的树状模型。决策树的叶子节点返回的是类标签或者类标签的概率分数。理论上，决策树可以被转换成类似关联规则中的规则。图5.3为决策树的一个示例——是否打网球与天气情况的关系。

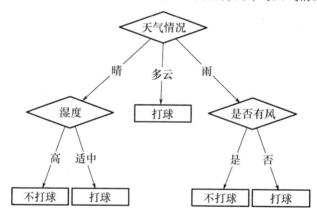

图5.3 是否打网球与天气情况的关系决策树

决策树算法有很多变种，如ID3、C4.5、C5.0和CART等，但它们的思想都是类似的。决策树的思想如下。

（1）算法。

```
GenerateDecisionTree(D, attributeList)
```

上述代码的含义为根据训练数据记录D生成一棵决策树。

（2）输入。

输入为数据记录D，包含类标签的训练数据集；属性列表attributeList，候选属性集，在内部节点中作判断的属性；属性选择方法 AttributeSelectionMethod()，选择最佳分类属性的方法。

（3）过程。

① 构造一个节点 N。

② 如果数据记录 D 中的所有记录的类标签都相同（记为 C 类），则将节点 N 作为叶子节点并标记为 C，返回节点 N。

③ 如果属性列表为空，则将节点 N 作为叶子节点并标记为 D 中类标签最多的类，返回节点 N。

④ 调用 AttributeSelectionMethod(D, attributeList)，选择最佳分裂准则 splitCriterion。

⑤ 将节点 N 标记为最佳分裂准则 splitCriterion。

⑥ 如果分裂属性取值是离散的，并且允许决策树进行多叉分裂，则从属性列表中减去分裂属性，即

    attributeLsit = attributeLsit - splitAttribute

⑦ 对分裂属性的每一个取值 j，记 D 中满足 j 的记录集合为 D_j；如果 D_j 为空，则新建一个叶子节点 F，标记为 D 中类标签最多的类，并且把节点 F 挂在 N 下。

⑧ 否则，递归调用 GenerateDecisionTree(D_j, attributeList)，得到子树节点 N_j，将 N_j 挂在 N 下。

⑨ 返回节点 N。

（4）输出。

输出为一棵决策树。

决策树的优点：①易于理解和实现，不需要使用者掌握很多背景知识，只需能够理解决策树所表达的意思；②对于决策树来说，数据的准备往往是简单或者不必要的，而且能够同时处理数据型属性和常规型属性，在相对短的时间内能够对大型数据源作出可行且效果良好的处理；③易于通过静态测试来评测模型，可以测定模型置信度，如果给定一个观察的模型，那么根据所产生的决策树可以很容易地推出相应的逻辑表达式。

虽然决策树有诸多优点，但是也存在不足之处：①比较难预测连续性的字段；②需要对有时间顺序的数据进行很多预处理的工作；③当类别太多时，错误的增加速度可能会比较快；④一般的算法在进行分类时，只根据一个字段来分类。

3. 支持向量机

支持向量机（Support Vector Machine，SVM）是一种监督学习（Supervised Learning）方法，通常用来进行模式识别、分类及回归分析。SVM 的主要思想可以概括为两点：①针对线性可分的情况进行分析，而对于线性不可分的情况，则通过使用非线性映射算法将低维输入空间线性不可分的样本转化为高维特征空间使其线性可分，从而使得高维特征空间采用线性算法对样本的非线性特征进行线性分析成为可能；②基于结构风险最小化理论，在特征空间中构建最优超平面，使分类器得到全局最优化，并且以某个概率让整个样本空间的期望满足一定的上界值。

【逻辑分析和 SVM 的比较】

SVM 方法通过一个非线性映射 p，把样本空间映射到一个高维乃至无穷维的特征空

间中，使在原来的样本空间中非线性可分的问题转化为在特征空间中线性可分的问题，即升维和线性化。升维就是把样本向高维空间做映射，一般情况下会增加计算的复杂性，甚至会引起"维数灾难"，因此并不常用。但是在解决分类、回归等问题时，很可能在低维样本空间无法线性处理的样本集，在高维特征空间中却可以通过一个线性超平面实现线性划分（或回归）。一般的升维操作都会导致计算复杂化，而 SVM 则巧妙地解决了这个难题：应用核函数的展开定理，就不需要知道非线性映射的显式表达式。由于是在高维特征空间中建立线性学习分类器，因此与线性模型相比，不但几乎不增加计算的复杂性，而且在某种程度上避免了"维数灾难"。

SVM 的应用十分广泛，如可以用于文本、超文本和图像的分类，以及识别手写字符等。虽然 SVM 有着避开高维空间的复杂性而直接求解相应的决策问题及具有较好的泛化推广能力的优点，但是存在以下缺点。

（1）需要对输入的数据进行全面标注。

（2）只适用于两个类别的分类任务，因此必须应用将多类任务化简为二分类问题的算法。

（3）难以解释求解模型的参数。

5.2.4　聚类

聚类是一种无监督学习（Unsupervised Learning）方法，即在预先不知道分类标签的情况下，根据信息相似度原则进行信息集聚。聚类的目的是将数据分类到不同簇中，并使得簇内的相似度较高，而簇间的相似度较低。

使用的聚类方法不同，得到的结论也往往不同。不同研究者对同一组数据进行聚类分析，所得到的聚类数未必相同。聚类可以作为一个独立的工具获得数据的分布状况，观察每一簇数据的特征，对特定的簇进行集中分析；还可以作为其他算法（如分类和定性归纳算法）的预处理步骤。下面介绍两种常见的聚类方法。

1. k-means 算法

k-means 算法是一种基于样本间相似性度量的聚类方法，属于无监督学习方法。此算法以 k 为参数，把 n 个对象分为 k 个簇，以使簇内的相似度较高，而簇间的相似度较低。相似度的计算是根据一个簇中对象的平均值（即簇的质心）来进行的。

k-means 算法的思想：首先随机选择 k 个对象，每个对象代表一个簇的质心。对于其余的每一个对象，根据该对象与各簇质心之间的距离，将其分配到与之最相似的簇中。然后，计算每个簇的新质心。重复上述过程，直到簇不发生变化或达到最大迭代次数为止。k-means 算法示例如图 5.4 所示。

k-means 算法的优点是易于实现，但存在三个缺点：①需要预先给定 k 值，很多情况下估计 k 值是非常困难的，如要计算全部微信用户的交往圈，则无法用 k-means 算法进行分析。对于可以确定 k 值不会太大但不明确 k 值的情况，可以进行迭代运算，找出损失函数最小时所对应的 k 值，该值往往能较好地描述簇的数量。②k-means 算法不能处理非球形、不同尺寸或不同密度的簇。③可能收敛于局部最小值，而且当数据规模较大时收敛速度慢。

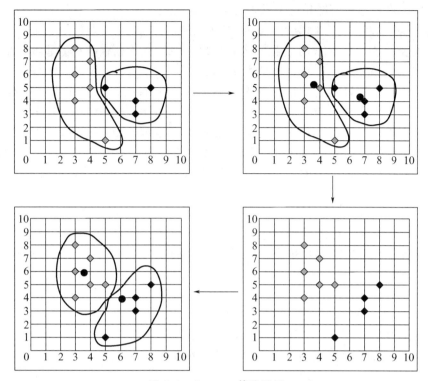

图 5.4 k-means 算法示例

2. DBSCAN 算法

DBSCAN 算法是基于密度的聚类算法，与 k-means 算法相比，其既可以适用于凸样本集，也可以适用于非凸样本集。DBSCAN 算法一般假定类别可以通过样本分布的紧密程度决定，同一类别的样本之间是紧密相连的，即在该类别任意样本周围不远处一定有同类别的样本存在。通过将紧密相连的样本划为一类，可以得到一个聚类类别。通过将所有各组紧密相连的样本划分为不同的类别，则可得到最终的所有聚类类别结果。

假设样本集是 $D=(x_1, x_2, \cdots, x_m)$，则 DBSCAN 算法中涉及的概念定义如下。

(1) ϵ-邻域。对于 $x_j \in D$，其 ϵ-邻域包含样本集 D 中与 x_j 的距离不大于 ϵ 的子样本集，即 $N_\epsilon(x_j) = \{x_i \in D \mid \mathrm{distance}(x_i, x_j) \leqslant \epsilon\}$，该子样本集的个数记为 $|N_\epsilon(x_j)|$。

(2) 核心对象。对于任一样本 $x_j \in D$，如果其 ϵ-邻域对应的 $N_\epsilon(x_j)$ 至少包含 MinPts 个样本，即如果 $|N_\epsilon(x_j)| \geqslant \mathrm{MinPts}$，则 x_j 是核心对象。

(3) 密度直达；如果 x_i 位于 x_j 的 ϵ-邻域中，且 x_j 是核心对象，则称 x_i 由 x_j 密度直达；而反之不一定成立，即此时不能说 x_j 由 x_i 密度直达，除非 x_i 也是核心对象。

(4) 密度可达。对于 x_i 和 x_j，如果存在样本序列 $p_1, p_2, \cdots, p_T$，满足 $p_1 = x_i$，$p_T = x_j$，且 p_{t+1} 由 p_t 密度直达，则称 x_j 由 x_i 密度可达。也就是说，密度可达满足传递性。此时序列中的传递样本 $p_1, p_2, \cdots, p_{T-1}$ 均为核心对象，因为只有核心对象才能使其他样本密度直达。密度可达也不满足对称性，该结论可以由密度直达的不对称性得出。

(5) 密度相连。对于 x_i 和 x_j，如果存在核心对象样本 x_k，使 x_i 和 x_j 均由 x_k 密度可达，

则称 x_i 和 x_j 密度相连。密度相连关系是满足对称性的。

(6)核心点。在半径 Eps 内含有超过 MinPts 的点。

(7)边界点。在半径 Eps 内点的数量少于 MinPts，但落在核心点的邻域内。

(8)噪声点。既不是核心点也不是边界点的点。

DBSCAN 算法的聚类定义是由密度可达关系导出的最大密度相连的样本集合，即为最终聚类的一个类别，或者称为一个簇。在该簇中可以有一个或者多个核心对象。如果只有一个核心对象，则簇中其他非核心对象样本都在该核心对象的 ϵ-邻域中；如果有多个核心对象，则簇中的任意一个核心对象的 ϵ-邻域中一定有一个其他核心对象，否则这两个核心对象无法密度可达。这些核心对象的 ϵ-邻域中，所有样本集合组成一个簇。

DBSCAN 算法的思想：任意选择一个没有类别的核心对象作为种子，然后找到所有该核心对象能够密度可达的样本集合，得到一个簇；然后选择另一个没有类别的核心对象去寻找密度可达的样本集合，得到另一个簇；一直运行到所有核心对象都有类别为止。

DBSCAN 算法的流程如下。

(1)将所有点标记为核心点、边界点或噪声点。

(2)删除噪声点。

(3)为距离在 Eps 内的所有核心点间赋予一条边。

(4)每组连通的核心点形成一个簇。

(5)将每个边界点指派到一个与之关联的核心簇中。

与传统的 k-means 算法相比，DBSCAN 算法的最大不同就是不需要输入类别数 k，它最大的优势是可以发现任意形状的簇，而不是像 k-means 算法一样只能适用于凸的样本集聚类。DBSCAN 算法的主要优点：①可以对任意形状的稠密数据集进行聚类；②可以在聚类的同时发现异常点，对数据集中的异常点不敏感；③聚类结果没有偏倚，而 k-means 算法初始值对聚类结果有很大影响。

虽然 DBSCAN 算法有诸多优点，但仍存在以下缺点：①样本集的密度不均匀、聚类间距相差很大时，聚类效果较差；②样本集较大时，聚类收敛时间较长；③调参相对于传统的聚类算法稍复杂，主要需要对距离阈值 ϵ 和邻域样本数阈值 MinPts 联合调参，不同的参数组合对聚类效果有较大影响。

5.3　大数据分析的工具

【大数据分析之将 Excel 报表导入到 Access 数据库】

在大数据分析过程中，分析者可以借助工具方便快捷进行分析工作。下面介绍五种比较常用的分析工具，读者可以根据需要灵活选择合适的工具。

5.3.1　Excel

Excel 是 Microsoft Office 的核心组件，具有强大的数据处理和统计分析能力，并且有助于制定决策。作为微软的产品，基于 Hadoop 的 Windows 平台应用程序集成了 Excel、PowerView 和 PowerPivot 等商业智能工具，可以很容易地分析大量的业务信息，从而创造独特的、差异化的商业价值。微软公司应对大数据的解决方案是 Hadoop＋SQL Server＋Excel。

Excel 提供的数据服务（即分析工具库）已成为企业解决相关数据问题常用且实用的工具，包括方差分析、直方图分析、移动平均分析、回归分析和抽样分析等。利用这些数据分析工具，可以有效地解决企业管理、财务、运营等各项工作中的问题，并且能够根据企业实际业务情况，更好地发挥数据的作用，实现公司内部的数据整合和使用，摆脱了手工作业，提高了工作效率。

Excel 采用插件的形式实现数据分析功能，其插件主要包括 Excel 分析工具和 Excel 数据挖掘选项卡。Excel 分析工具（图 5.5）可以利用 SQL Server 数据挖掘对 Excel 数据进行更深入的分析。Excel 的“数据挖掘”（DATA MINING）选项卡是一个日常工作中经常使用的功能强大的工具，如图 5.6 所示，它提供一个快速直观的界面，可用于创建、测试和管理数据挖掘结构和模型，同时不会影响 SQL Server Analysis Services 中的数据挖掘所提供的强大的自定义功能。除了提供数据建模算法外，Excel 数据挖掘选项卡还提供了一个集测试、预测和绘图于一体的桌面数据挖掘解决方案。因此，Excel 数据挖掘功能的有效利用将大幅提高数据挖掘的效率，使数据挖掘得到推广和应用。

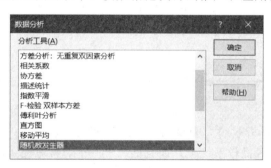

图 5.5　Excel 分析工具

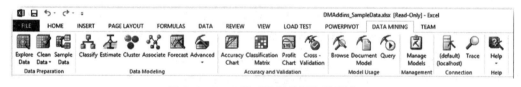

图 5.6　Excel 的“数据挖掘”选项卡

Excel 结合 SQL Server 的 Business Intelligence Development Studio 集成环境，在多种算法（如决策树、神经网络和关联规则等）的支持下，具有很强的数据分析功能，同时能很好地展示结果，在实际生产和研究中对分析海量数据具有重要意义，能满足数据分析需求。

Excel 的优点：①轻便，不需要多余的工具或语言环境；②可以很方便地进行可视化操作；③简单、易上手，是非技术人员的一个很好的选择；④学习成本低，并且学习速度快。由于 Excel 具有这些优点，所以在实际中得到了广泛的应用，同时可作为企业中数据分析师与业务人员沟通的桥梁。

5.3.2 R

R 是属于 GNU 系统的一个自由、免费和源代码开放的软件，是一个用于统计计算和制图的优秀工具。R 作为诞生于 1980 年左右的 S 语言的一个分支，广泛应用于统计领域，可以认为其是 S 语言的一种实现，通常用 S 语言编写的代码都可以不做修改地在 R 环境下运行。R 的界面如图 5.7 所示。

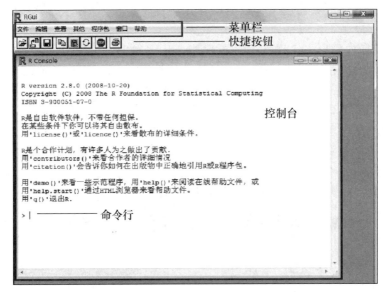

图 5.7　R 的界面

R 作为一种统计分析软件，是集统计分析与图形显示于一体的。它可以运行于 UNIX、Windows 和 iOS 操作系统上，而且嵌入了一个非常方便实用的帮助系统。相比于其他统计分析软件，R 还有以下特点。

(1)R 是自由软件，是完全免费和开放源代码的。在 R 的网站及其镜像中可以下载任何有关的安装程序、源代码、程序包及其源代码、文档资料。标准的安装文件自身就带有许多模块和内嵌统计函数，安装好后可以直接实现许多常用的统计功能。

(2)R 是一种可编程的语言。因其具有开放的统计编程环境，语法通俗易懂，易被掌握，可以用其编制自己的函数来扩展现有的语言，这也是 R 的更新速度比一般统计软件(如 SPSS 和 SAS 等)快得多的原因，并且大多数最新的统计方法和技术都可以在 R 中直接得到。

(3)所有 R 的函数和数据集均保存在程序包中。只有当一个包被载入时，它的内容才可以被访问。一些常用的、基本的程序包已经被收入标准安装文件中，随着新的统计分析方法的出现，标准安装文件中包含的程序包也随着版本的更新而不断变化。在其他版本的安装文件中，已经包含的程序包有 base(基础)模块、mle(最大似然估计)模块、ts(时间序列分析)模块、mva(多元统计分析)模块和 survival(生存分析)模块等。

(4)R 具有很强的互动性。除了图形输出是在另外的窗口外，R 的输入/输出操作都是在同一个窗口进行的，如果输入语法中出现错误会马上在窗口中弹出提示。对之前输入过的命令有记忆功能，可以随时再现、编辑、修改以满足分析者的需要。输出的图形可以直接保存为.jpg、.bmp和.png等图片格式，还可以直接保存为.pdf文件。此外，R与其他编程语言和数据库之间有很好的接口。

（5）如果加入R的帮助邮件列表，每天都可以收到几十份关于R的邮件资讯，同时可以与全球一流的统计计算方面的专家讨论各种问题。

R是由数据操作与计算和图形展示功能整合而成的套件，包括有效的数据存储和处理功能；完整的数组计算操作符；完整体系的数据分析工具；为数据分析和显示提供的强大图形功能；一套完善、简单、有效的编程语言，其中包含条件、循环、自定义函数和输入/输出功能等。

虽然R有众多优点，但也有不足之处：分析者需要熟悉命令，并记住常用命令；所有的数据处理都在内存中进行，不适用于处理超大规模的数据；运行速度稍慢等。

5.3.3　RapidMiner

RapidMiner是一个用于数据挖掘、机器学习和预测分析的开源软件，常用于解决各种商业关键问题，如营销响应率、客户细分、客户忠诚度及终身价值、资产维护、资源规划、预测性维修、质量管理、社交媒体监测和情感分析等。RapidMiner提供了数据挖掘和机器学习程序，包括抽取、转换和加载，数据预处理和可视化，建模，评估和部署等。数据挖掘流程用可扩展标记语言（Extensible Markup Language，XML）描述，并通过图形用户界面（Graphical User Interface，GUI）显示。RapidMiner是用Java语言编写的，集成Weka的学习和评估方法，并且可与R一起工作。除了以上特点外，RapidMiner还具有以下特点。

（1）拖曳建模，自带多个函数，无须编程，简单易用。同时支持用各常见语言代码编写，以符合程序员个人习惯和实现更多功能。

（2）RapidMiner Studio社区版和基础版是免费开源的，能连接开源数据库；商业版能连接绝大多数数据源，功能强大。

（3）通过Web Service应用，将分析流程整合到现有工作流程中。

RapidMiner的产品集如下。

（1）RapidMiner Studio。一种可零代码操作的客户端软件，是一个数据分析的图形化开发环境，用于设计分析流程，分析者可以在本地计算机上操作。它能实现完整的建模步骤，从数据加载、汇集到转化和准备阶段，再到数据分析和产生预测阶段。Studio社区版和基础版可以在RapidMiner官网下载。

（2）RapidMiner Server。可以在局域网服务器或外网连接的服务器上与RapidMiner Studio无缝集成，具有以下功能：①分享工作流和数据；②作为常规配置的中央存储点，可以被多个分析者使用；③进行大型运算，减少分析者本地硬件资源和时间的占用；④提供交互式仪表盘和报表展示功能，让非技术人员更容易理解。

（3）RapidMiner Radoop。一个与Hadoop集群连接的扩展，可以通过拖曳自带的算子执行Hadoop技术特定的操作，避免了Hadoop集群技术的复杂性，简化和加速了在Hadoop上的分析。

（4）RapidMiner Cloud。能在云环境中执行和部署分析模型，需要时可作为补充运算

力，能接入多种云数据源和集中式云资源库，在任何地方都可以访问和分析数据、模型和流程。

5.3.4 KNIME

康斯坦茨大学的软件工程师团队于 2004 年 1 月开发出 KNIME，并且作为专有产品。该团队最初的目标是创建一个模块化、高度可扩展和开放的数据处理平台，从而轻松集成不同的数据加载、处理、转换、分析和可视化探索模块，而不必关注任何特定的应用领域。KNIME 是一个协作和研究平台，也可作为各种其他数据分析项目的集成平台。

KNIME 允许分析者直观地创建数据流或管道，有选择地执行一些或所有分析步骤，然后检查结果、模型和交互式视图。KNIME 是用 Java 语言编写的，并且基于 Eclipse，利用其扩展机制来添加提供附加功能的插件。其核心版本已经包含数百个数据集成模块〔文件 I/O 和支持所有通用 Java 数据库连接（Java Database Connectivity，JDBC）的通用数据库管理系统的数据库节点〕、数据转换（过滤器、转换器和组合器）及常用的数据分析和可视化方法。通过使用免费的 Report Designer 扩展，KNIME 工作流可用作数据集，创建并导出 .doc、.ppt、.xls 或 .pdf 等格式的报告模板。

KNIME 的其他功能如下。

（1）KNIME 核心架构允许处理仅受可用硬盘空间限制的大数据，而大多数其他开源数据分析工具在主存储器中工作，仅限于可用随机存取存储器（Random Access Memory，RAM）。

（2）额外的插件允许整合文本挖掘、图像挖掘和时间序列分析的方法。

（3）KNIME 集成了各种其他开源项目，如 Weka 和 R 等。

KNIME 是基于 Eclipse 的开源数据挖掘软件，通过工作流的方式来完成数据仓库及数据挖掘中数据的抽取、转换和加载操作。其中工作流由各个功能节点来完成，节点之间相互独立，可以单独执行并将执行后的数据传给下一个节点。KNIME 界面如图 5.8 所示。

KNIME 的节点类型如下。

（1）I/O 类节点。用于文件、表格、数据模型的输入/输出操作。

（2）数据库操作类节点。通过 JDBC 驱动对数据库进行操作。

（3）数据操作类节点。对上一节点传来的数据进行筛选、变换和简单的统计学计算等操作。

（4）数据视图类节点。提供了数据挖掘中最常用的表格及图形的展示，包括盒图、饼图、直方图和数据曲线等。

（5）统计学模型类节点。封装了统计学模型算法类的节点，如线性回归和多项式回归等。

（6）数据挖掘模型类节点。提供了贝叶斯分析、聚类分析、决策树和神经网络等主要数据挖掘分类模型及相应的预测器。

（7）META 原子节点。可以对任意子节点进行嵌套封装，还提供后向传播、迭代、循环和交叉验证等方法。

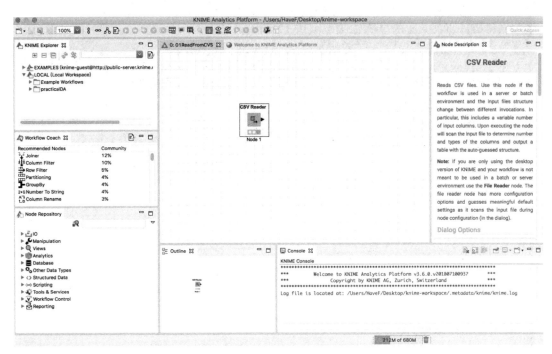

图 5.8　KNIME 的界面

（8）其他节点。可供自定义 Java 代码段和设置规则引擎。

5.3.5　Weka

Weka 是一个基于 Java 环境的免费开源的机器学习和数据挖掘软件，集合了大量能承担数据挖掘任务的机器学习算法，包括对数据进行预处理、分类、回归、聚类、关联规则及在新的交互式界面上的可视化。

2005 年 8 月，在第 11 届 ACM SIGKDD 国际会议上，怀卡托大学的 Weka 小组荣获数据挖掘和知识探索领域的最高服务奖，Weka 系统得到了广泛的认可，被誉为数据挖掘和机器学习历史上的里程碑，是如今较完备的数据挖掘工具之一。Weka 3.5.6 的界面如图 5.9 所示。

与很多电子表格或数据分析软件相似，Weka 处理的数据集是一个二维表格，其中表格中的一个横行称为一个实例，相当于统计学中的一个样本或者数据库中的一条记录；一个竖行称为一个属性，相当于统计学中的一个变量或者数据库中的一个字段。在 Weka 中，整个表格（或者称为数据集）呈现出属性之间的一种关系。Weka 存储的数据是 .arff 文件，这是一种 ASCII 文本文件，在 Weka 安装目录的 data 子目录下可以找到。

Weka 使用 JDBC 访问 SQL 数据库，并可以处理数据库查询返回的结果。Weka 虽然不能进行多关系数据挖掘，但是有单独的软件可以链接数据库表的集合并将其转换为适合使用 Weka 处理的单个表。

在工作和研究中，要处理的数据可能来自各个方面。在面对庞大而复杂的大数据时，选择一个合适的处理工具就显得尤为重要。一个好的工具不仅可以使工作事半功倍，还

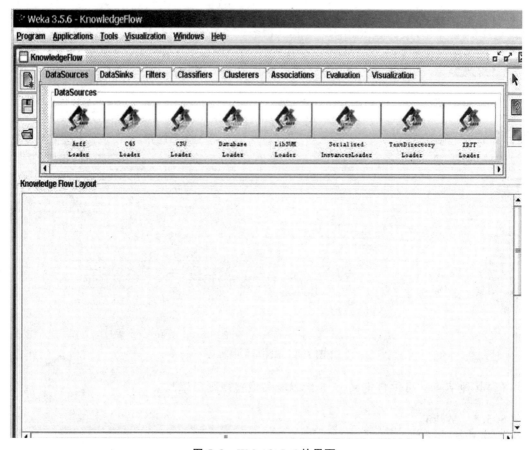

图 5.9　Weka 3.5.6 的界面

可以在竞争日益激烈的云计算时代挖掘大数据价值，并及时调整战略方向。

 知识拓展

国产大数据分析软件 Smartbi

广州思迈特软件有限公司（以下简称思迈特公司）成立于 2011 年，以提升和挖掘企业客户的数据价值为使命，在党的二十大"加快实现高水平科技自立自强"精神的指导下，专注于商业智能（BI）与大数据分析软件产品与服务。思迈特公司是国家认定的"高新技术企业"，广东省认定的"大数据培育企业"，广州市认定的"两高四新企业"，获得了来自国家、地方政府、国内外权威分析机构、行业组织、知名媒体的高度关注和认可，斩获"大数据百强企业""中国十佳商业智能方案商""中国科技创新企业 100 强"等 100 多个荣誉奖项。凭借 NLP 和数据挖掘功能唯一入选"Gartner 中国人工智能创业公司的 BI 厂商"，连续多年入选"Gartner 增强分析代表厂商"。

思迈特公司的核心产品 Smartbi 是企业级商业智能应用平台，经过多年的持续发展，凝聚了众多的商业智能最佳实践经验，整合了各行业的数据分析和决策支持的功能需求，满足最终用户在企业级报表、数据可视化分析、自助探索分析、数据挖掘建模、AI 智能分析等大数据分析需求。

Smartbi通过人工智能（AI）和机器学习（ML），使数据管理和分析自动化，从而更有效地进行数据分析。它减少了当前依赖IT处理所带来的效率问题和口径偏差，让用户获得更深入的洞察力。

Smartbi在国内商务智能（BI）领域处于领先地位，产品广泛应用于金融、政府、制造、零售、地产等众多行业，拥有5000多家客户，包括华为、阿里巴巴、万达、中国银行、交通银行、深交所、蒙牛、VIVO、京东方等。在金融行业，2021世界500强中的国内银行中，有80%选择了Smartbi；国内排名前10的银行，已覆盖9家；国内排名前10的保险公司，已覆盖8家；国内排名前10的证券公司，已覆盖7家。

小　　结

本章主要介绍了大数据分析的类型、方法和工具。大数据分析主要包括描述性分析、探索性分析和验证性分析。针对数据的不同结构、种类和来源等，选择不同的分析方法。然后借助工具方便快捷地实现算法，得到有价值的信息。总之，在大数据时代，使用合适的分析方法和工具，能够有效地从海量数据中快速提取关键信息，为企业和个人带来效益。

关键术语

(1)回归分析　　　　(2)频繁项集　　　　(3)关联规则　　　　(4)朴素贝叶斯
(5)决策树　　　　　(6)支持向量机　　　(7)k-means算法　　(8)DBSCAN算法

习　　题

1. 选择题

(1)大数据分析的主要类型包括(　　)。

　　A. 描述性分析　　　　　　　　　　B. 探索性分析

　　C. 验证性分析　　　　　　　　　　D. 以上都是

(2)描述数据集中趋势的指标有(　　)。

　　A. 平均数　　　　　　　　　　　　B. 极差

　　C. 分位距　　　　　　　　　　　　D. 标准差

(3)(　　)的好处在于不需要参照数据的平均值。

　　A. 标准差　　　　　　　　　　　　B. 方差

　　C. 平均差　　　　　　　　　　　　D. 离散系数

(4)回归中最常使用的技术是(　　)。

　　A. k-means算法　　　　　　　　　B. 线性回归

　　C. 支持向量机　　　　　　　　　　D. DBSCAN算法

(5)(　　)是数据集中包含该项集的记录所占的比例。

　　A. 置信度　　　　　　　　　　　　B. 支持度

  C. 距离   D. 以上都不是

(6) Apriori算法的输入参数有(　　　)。

  A. 最小支持度和有趣关系   B. 最小支持度和数据集

  C. 最小置信度和数据集   D. 最小支持度和置信度

(7) (　　　)是指经常出现在一起的物品的集合。

  A. 频繁项集   B. 关系

  C. 有趣关系   D. 数据集

(8) 决策树是一种常见且灵活的用来开发数据挖掘应用的方法,包括(　　　)。

  A. 回归树和二叉树   B. 分类树和二叉树

  C. 分类树和回归树   D. 二叉树

2. 判断题

(1) 验证性分析与探索性分析的不同在于,验证性分析致力于找出事物内在的本质结构,而探索性分析则主要检验已知的特定结构是否按照预期的方式产生作用。(　　　)

(2) 验证性分析中,在构建完数据模型后需要对模型进行评价,判断其合理性。(　　　)

(3) 数据拟合模型常用的方法有极大似然估计和渐进分布自由估计。(　　　)

(4) 构建因子模型时载荷可以事先定为0或者其他自由变化的常数。(　　　)

(5) 回归分析类似于分类,但不用于描述类的模式,而是通过查找模式确定数值。
(　　　)

(6) 线性回归模型经常采用最小二乘法来拟合,也可用其他方法来拟合。(　　　)

(7) 逻辑回归是一种广义线性回归,与多重线性回归分析有很多相同之处。(　　　)

(8) 频繁项集的所有非空子集不一定是频繁的。(　　　)

3. 简答题

(1) 简述探索性分析的特点。

(2) 验证性分析的步骤有哪些?

(3) 简述验证性分析与探索性分析的区别。

(4) FP-Growth算法的步骤有哪些?

(5) 简述决策树的优点。

(6) SVM有哪些缺点?

(7) 简述 k-means 算法的思想。

(8) 逻辑回归的适用条件有哪些?

【第5章 习题答案】

第6章
大数据可视化

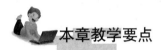 本章教学要点

知 识 要 点	掌 握 程 度	相 关 知 识
可视化的概念	掌握	可视化的概念、思想和应用标准
可视化的作用	掌握	可视化的观测、跟踪和分析数据等作用
基于图形的可视化技术	掌握	树状图、桑基图、漏斗图、散点图和折线图等的含义
基于平行坐标法的可视化技术	熟悉	平行坐标图的作用
其他大数据可视化技术	熟悉	基于图标、像素和层次等的可视化技术的含义
入门级工具	掌握	Excel 和 Google Spreadsheets 的可视化功能
信息图表工具	了解	Google Chart API、D3、Visual. ly、Tableau 和大数据魔镜的含义
地图工具	了解	Google Fusion Tables、Modest Maps 和 Leaflet 的含义
时间线工具	了解	Timetoast、xTimeline 的含义
高级分析工具	掌握	R、Weka 和 Gephi 的可视化功能
大数据可视化面临的挑战	掌握	大数据可视化的视觉噪声、信息丢失和数据结构各异且多源等问题和挑战
大数据可视化的发展方向	熟悉	多视图整合和大屏展示等的大数据可视化发展方向
大数据可视化的未来应用	熟悉	设备仿真可视化和数据统计分析可视化等的大数据可视化未来应用

　　在大数据时代，分析者不仅要处理海量数据，而且要加工、传播和分享这些数据。大数据可视化是正确理解数据信息的好方法，通过呈现和处理庞大的数据，归纳得出数据内在的模式、关联和结构。大数据可视化是大数据分析的最后环节，也是非常关键的一环。本章将从概述、技术、工具和发展四个方面介绍大数据可视化的相关内容。

6.1 可视化概述

大数据可视化随着大数据时代的到来而兴起，可视化分析是大数据分析不可或缺的一种重要手段和工具，只有在真正理解可视化概念后，才能更好地研究并应用其原理和方法，从而获得数据背后隐藏的价值。因此，本节将介绍可视化的概念、起源和作用。

【大数据可视化举例】

6.1.1 可视化的概念

数据可视化是关于数据视觉表现形式的科学技术研究，这种数据的视觉表现形式被定义为以某种概要形式抽取出来的信息，包括相应信息单位的各种属性和变量。数据可视化涉及计算机视觉、图像处理、计算机辅助设计和计算机图形学等多个领域，是一项研究数据表示、数据处理和决策分析等问题的综合技术。

数据可视化的思想是将数据库中的每一个数据项作为单个图元元素表示，大量的数据集构成数据图像，同时将数据的各个属性值以多维数据的形式表示出来，可以从不同的维度观察数据，从而对数据进行更深入的观察和分析。

在大数据时代，数据变得规模巨大且烦琐，要想发现数据中包含的信息或知识，可视化是非常有效的途径。数据可视化中的数据类型不再只是结构化数据，还包含非结构化和半结构化数据，而且表现形式多种多样，而非只有统计图表方式。

数据可视化的应用标准包含四个方面：①直观化，将数据直观、形象地呈现出来；②关联化，突出呈现数据之间的关联性；③艺术性，使数据的呈现更具有艺术性、更符合审美规则；④交互性，实现用户与数据的交互，方便用户控制数据。

6.1.2 可视化的起源

可视化的起源可以追溯到20世纪50年代计算机图形学的早期，当时人们利用计算机创建了首批图形图表。

1987年，由布鲁斯·麦考梅克、托马斯·德房蒂和玛克辛·布朗编写的美国国家科学基金会报告 *Visualization in Scientific Computing* 对数据可视化领域的产生起到促进作用，这份报告中强调了新的基于计算机的可视化方法的必要性。随着计算机运算能力的迅速提升，人们建立了规模越来越大、复杂程度越来越高的数值模型，从而产生了形形色色体积庞大的数值型数据集。同时，人们不但利用医学扫描仪和显微镜等数据采集设备创建了大型的数据集，而且利用可以保存文本、数值和多媒体信息的大型数据库来收集数据。因此，需要高级的计算机图形学技术与方法来处理和可视化这些规模庞大的数据集。

Visualization in Scientific Computing 后来变成了 Scientific Visualization，而前者最初指的是作为科学计算的组成部分的可视化，即在科学与工程实践中对计算机建模和模拟的运用。

后来，可视化领域逐渐重视数据，包括来自商业、财务、行政管理、数字媒体等方面的大型异质性数据集合。20世纪90年代初期，人们发起了一个称为"信息可视化"的研究领域，旨在为许多应用领域中对抽象的异质性数据集的分析工作提供支持。21 世纪，人们正在逐渐接受这个同时涵盖科学可视化与信息可视化领域的新生术语——"数据可视化"。

一直以来，数据可视化就是一个处于不断演变的概念，其边界也在不断扩大。因此，最好对其加以宽泛的定义。数据可视化指的是技术上较为高级的技术方法，而这些技术方法允许利用图形、图像处理、计算机视觉和用户界面，通过表达、建模及对立体、表面、属性与动画的显示，对数据加以可视化解释。与立体建模等特殊技术方法相比，数据可视化涵盖的技术方法广泛得多。

随着大数据时代的到来，每时每刻都在生成海量数据，因此需要对数据进行及时、全面、快速和准确的分析，体现数据背后的价值，这就更需要可视化技术协助用户更好地理解和分析数据，可视化也因此成为大数据分析的最后且最重要的一环。

6.1.3 可视化的作用

在大数据时代，数据容量和复杂性不断增加，限制了人们从大数据中直接获取知识，可视化的需求越来越大，依靠可视化手段进行数据分析成为大数据分析流程的主要环节之一。大数据可视化的具体作用如下。

1. 观测、跟踪数据

许多实际应用中数据的数量已经远远超出人类大脑可以理解与消化吸收的范围，对于不断变化的多个参数值，如果还是以枯燥数值的形式呈现，人们必将茫然无措。利用变化的数据生成实时变化的可视化图表，可以让人们看到各种参数的动态变化过程，从而有效跟踪各种参数数值。

2. 分析数据

利用可视化技术，实时呈现当前分析结果，引导用户参与分析过程，根据用户反馈的信息执行后续分析操作，完成用户与分析算法的全程交互，实现数据分析算法与用户领域知识的完美结合。典型的可视化分析过程如图 6.1 所示。数据首先被转化为图像呈现给用户，用户通过视觉系统进行观察分析，同时结合自己的领域知识对可视化图像进行认知，从而理解和分析数据的内涵和特征。用户还可以根据分析结果，通过改变可视化程序系统设置，交互地更改输出的可视化图像，从而根据自己的需求从不同角度理解数据。

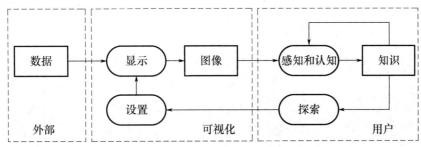

图 6.1 典型的可视化分析过程

3. 辅助理解数据

可视化技术可帮助用户更快、更准确地理解数据背后的含义，如用不同的颜色区分不同对象、用动画显示变化过程、用图结构展现对象之间的复杂关系等。例如，微软亚洲研究院设计开发的人立方关系搜索，能从 10 亿多个的中文网页中自动抽取出人名、地名、机构名和中文短语，并通过算法自动计算出它们之间存在关系的可能性，最终以可视化关系图的形式呈现结果。人立方关系搜索除了提供网页结果之外，还能够提取出这些网页中包含的人名、地址、机构等信息，并将所有与关键字相关的信息按照网络流行度或关系亲密度进行排序。这种信息过滤与聚合方式为信息浏览提供了很大的便利。

4. 增加数据吸引力

枯燥的数据被制作成具有强大视觉冲击力和说服力的图像，可以大大增加读者的阅读兴趣。传统保守的讲述方式已经不能引起读者的兴趣，而需要更直观、高效的信息呈现方式。因此，现在的新闻播报越来越多地使用数据图表，动态、立体化地呈现新闻内容，让读者一目了然，能够在短时间内消化和吸收，大大提高了知识理解的效率。例如，《华盛顿邮报》的图解新闻作品《问题的深度》（图 6.2）利用数据图表和对比的方式体现出大海的广阔深度。

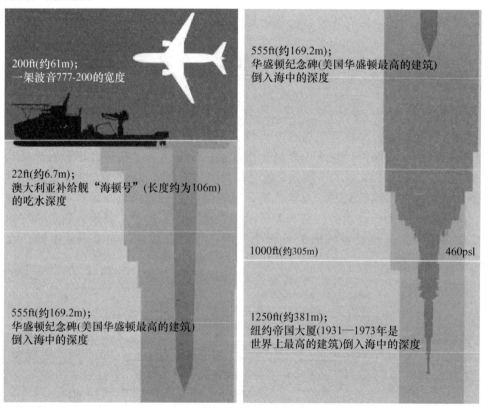

图 6.2　《华盛顿邮报》的图解新闻作品《问题的深度》

6.2 大数据可视化的技术

可视化技术是指利用计算机科学技术，将计算产生的数据以更易理解的形式展示出来，使冗余的数据变得直观形象的技术。大数据时代，利用数据可视化技术可以有效提高海量数据的处理效率、挖掘数据的隐藏信息，给企业带来巨大的商业价值。例如，电信运营商挖掘出用户的使用习惯和消费偏好，实现精准营销和客户保有。下面介绍常用的大数据可视化技术。

6.2.1 基于图形的可视化技术

大数据的复杂性和多样性意味着人们需要对大量的多维数据进行处理和分析。基于图形的可视化技术将数据各个维度之间的关系在空间坐标系中以直观的方式表现出来，便于数据特征的突出和信息传递。

1. 树状图

树状图通常用于表示层级、上下级、包含和被包含关系，示例如图6.3所示。

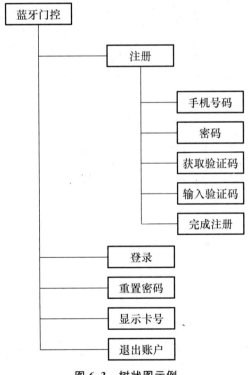

图6.3 树状图示例

树状图把分类总单位摆在树枝顶部，然后根据需要，从总单位中分出几个分支，而这些分支可以作为独立的单位，继续向下分类，依此类推。从树状图中，可以很清晰地看出分支和总单位的部分和整体关系，以及这些分支之间的关系。

如果分析者要处理的数据存在整体和部分的关系，且数据量很大，要想看清楚每个部分的具体情况，可以选择树状图呈现数据。

2. 桑基图

桑基图是一种特定类型的流程图，因 1898 年 Matthew Henry Phineas Riall Sankey 绘制的"蒸汽机的能源效率图"而闻名，此后便以其名字（Sankey）命名，图中延伸的分支的宽度对应数据流量的大小，适用于用户流量、材料成分等数据的可视化分析。桑基图最明显的特征是始末端的分支宽度总和相等，即所有主支宽度的总和与所有分支宽度的总和相等，保持能量的平衡。图 6.4 为某网站 2015 年 10 月 12—18 日不同地区的用户支付订单量的变化过程，图中流线的宽度表示支付订单量。

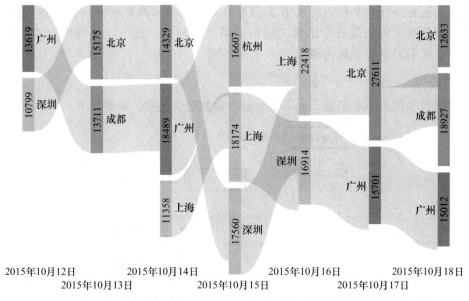

图 6.4 某网站 2015 年 10 月 12—18 日不同地区的用户支付订单量的变化过程

3. 漏斗图

漏斗图用于衡量业务的流程表现，适用于流程比较规范、周期长、环节多的业务分析。某网站流量的转化漏斗如图 6.5 所示。漏斗图的优点在于：①能够快速发现问题，及时调整运营策略；②直观展示两端数据，了解目标数据；③提高业务的转化率。例如，在以电商为代表的业务分析中，通过转化率比较能充分展示从用户打开网站到实现购买的最终转化率。漏斗图是评判产品健康程度的图表，由网站的每一个设计步骤的数据转化反馈得到结论，然后通过各阶段的转化分析去改善设计，在提升用户体验的同时，提高了网站的最终转化率。

4. 散点图

散点图是指根据数据在直角坐标系中的分布情况绘制而成的图形，能够表示因变量随自变量变化的大致趋势，判断两变量之间是否存在某种关联或总结数据的分布模式。散点图示例（不同城市的支付订单量与取消订单量的关系）如图 6.6 所示。

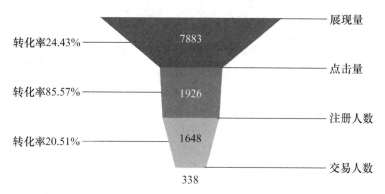

图 6.5 某网站流量的转化漏斗

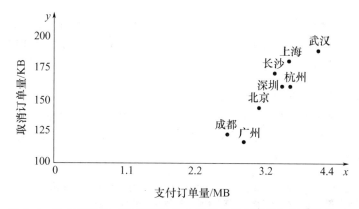

图 6.6 散点图示例（不同城市的支付订单量与取消订单量的关系）

散点图有以下三种类型。

（1）散点图矩阵。当要同时考察多个变量间的相互关系时，一一绘制变量之间的散点图会十分麻烦，此时可利用散点图矩阵来同时绘制各变量间的散点图，这样可以快速发现多个变量间的主要相关性。

（2）三维散点图。虽然在散点图矩阵中可以同时观察多个变量间的关系，但观察时可能会漏掉一些重要的信息。三维散点图是在由三个变量确定的三维空间中研究变量之间的关系图，由于同时考虑了三个变量，因此常常可以发现在二维图形中发现不了的信息。

（3）ArcGIS 散点图。在 x-y 坐标系中绘制点，可以揭示数据之间的关系并显示数据的趋势。

散点图与折线图相似，不同之处在于折线图通过将数据相连来显示数据的变化。当存在大量数据点时，散点图的作用尤为明显。

5. 折线图

折线图能够显示随时间变化的连续数据，适用于展示在相同时间间隔下数据的趋势。折线图示例（不同时间的支付订单量）如图 6.7 所示。在折线图中，类别数据沿水平轴均匀分布，值数据沿垂直轴均匀分布。

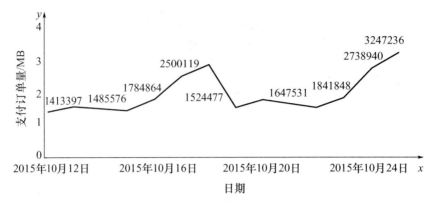

图 6.7　折线图示例（不同时间的支付订单量）

如果分类标签是文本且代表均匀分布的数值，如时间节点，则可以使用折线图。但是如果拥有的标签多于 10 个，那么应该使用散点图。此外，折线图能够支持多数据的对比。

6. 条形图和柱状图

条形图用直条的长度表示数量或比例，并按时间、类别等一定顺序排列起来，主要用于表示数量、频数或频率等。条形图示例（不同城市的支付订单量）如图 6.8 所示。条形图包括单式条形图和复式条形图，单式条形图表示一个群体数据的频数分布，复式条形图表示多个群体数量分布的比较。

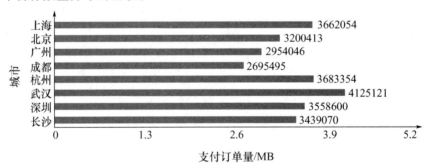

图 6.8　条形图示例（不同城市的支付订单量）

柱状图和条形图的质上相同的，只是在 x-y 坐标系上的分布不同。柱状图示例（不同公司的订单金额）如图 6.9 所示。在延伸方向上，条形图水平延伸，而柱状图则垂直延伸；在数据呈现方式上，条形图和柱状图均对不同数据集采用不同的颜色标注，以进行数据组之间的直观对比。

7. 饼图

饼图以二维或三维的形式展示一个数据系列中各项的大小及与各项总和的比率，饼图中的数据标签表示该类商品占整个饼图的百分比。

饼图有以下几种类型。

（1）普通饼图。以二维或三维形式显示每个数值相对于总数值的大小，示例（不同终端的注册占比情况）如图 6.10 所示。

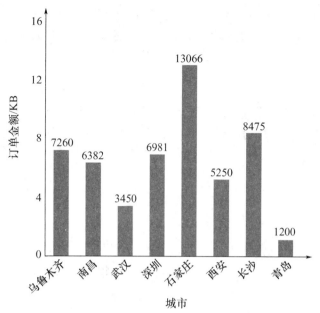

图 6.9 柱状图示例(不同公司的订单金额)

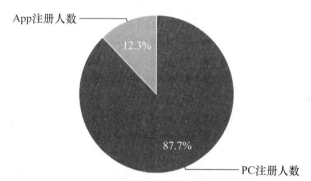

图 6.10 普通饼图示例(不同终端的注册占比情况)

(2)复合饼图。将用户定义的数值从主饼图中提取出来并组合到第二个饼图或堆积条形图的饼图中,示例(不同区域的销售额占比情况)如图 6.11 所示。

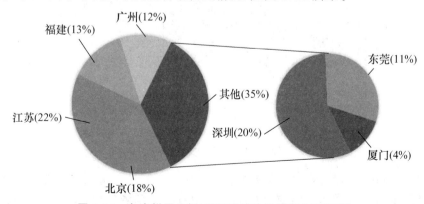

图 6.11 复合饼图示例(不同区域的销售额占比情况)

（3）分离型饼图。展示每个数值相对于总数值的大小并强调每个数值，示例（不同区域的销售额占比情况）如图6.12所示。分离型饼图能够以三维形式显示。

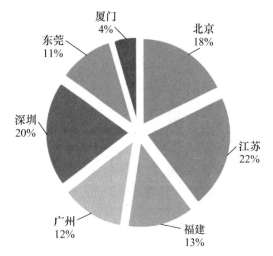

图6.12 分离型饼图示例
（不同区域的销售额占比情况）

8. 地图

在实际工作中，有时会遇到数据与地名有关的情况，此时虽然也能用Excel图表来呈现，但如果能将数据和地图结合起来，则将获得更好的效果。应用地图来分析和展示与位置相关的数据，要比在Excel中单纯用数字展示更明确、更直观，让人一目了然。

6.2.2 基于平行坐标法的可视化技术

大数据时代，海量的非结构化数据（如Web文档、用户评分数据和文档词频数据等）都是高维数据，而平行坐标法可以实现高维数据的有效降维，在二维直角坐标系中以更直观的形式展示高维数据，以便挖掘数据表达的信息。

平行坐标法中多个垂直平行的坐标轴表示多个维度，维度上的刻度表示在该属性上的对应值，并可用颜色区分类别。每个样本在各个维度上对应一个值，相连而得的一条折线表示该样本。平行坐标法示例如图6.13所示。

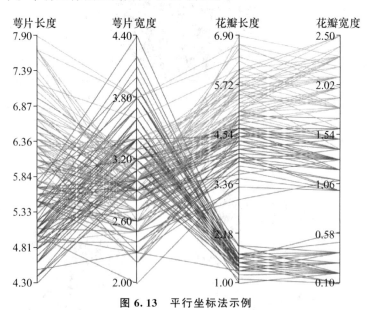

图6.13 平行坐标法示例

平行坐标法可以清楚直观地表示数据关系，相比于其他矢量图等可视化图表更简洁，但是数据维度的显示会受到屏幕宽度的制约，随着数据维度的增加，纵轴间距将不断缩小，进而影响数据的可视化效果。

6.2.3　其他大数据可视化技术

除了6.2.1和6.2.2中提及的基于图形和平行坐标法的可视化技术外，还有基于图标、基于像素和基于层次等的可视化技术。

(1)基于图标的可视化技术。其思想是用简单图标的各个部分表示 n 维数据属性。基于图标的可视化技术包括 Chernoff faces、Shape Coding 和 Stick Figures 等，适用于某些维值在二维平面上具有良好展开属性的数据集。枝形图法是其中的基本方法之一。使用枝形图时，先选取多维属性中的两种属性作为基本的 x-y 平面坐标系，在此平面上利用小树枝的长度或角度的不同表示出其他属性值的变化。

(2)基于像素的可视化技术。其思想是将每个数据值对应于一个带颜色的屏幕像素，不同的数据属性以不同的窗口分别表示。该技术的特点在于能在屏幕中尽可能多地显示相关数据。基于像素的可视化技术的类型有独立于查询的方法和基于查询的方法。

【基于像素的可视化技术在电子商务中的应用】

(3)基于层次的可视化技术。主要针对数据库系统中具有层次结构的数据信息，如人事组织、文件目录和人口调查数据等。它的思想是将 n 维数据空间划分为若干子空间，以层次结构的方式组织这些子空间并以图形展示出来。基于层次的可观化技术包括 Dimensional Stacking、TreeMap 和 Cone Trees 等。

还有很多大数据可视化技术和方法，如 DVET 系统利用虚拟现实技术展示数据空间和空间上的点；HD-Eye 算法结合数据挖掘技术，先将数据分簇，再可视化感兴趣的簇；Table Lens 系统仍以表的形式表现数据，但是以图示代替了表中的数字，并且给出观察的视点，易于用户选择和操纵数据表中的区域；XGobi 系统强调动态和交互技术，用户能同时以不同的可视化方法处理相同的数据。另外，3D 技术、基于图形技术等也在被研究和开发中。

6.3　大数据可视化的工具

【大数据可视交互系统 RayData】

传统的数据可视化工具仅对数据加以组合，通过不同的展现方式提供给用户，用于发现数据之间的关联信息。而大数据时代的大数据可视化产品必须满足互联网爆发的大数据需求，必须能够快速地收集、筛选、分析、归纳和展现决策者需要的信息，并根据新增的数据进行实时更新。目前已经有很多大数据可视化的工具，其中大部分是免费的，可以满足各种可视化需求。下面介绍几种常用的可视化工具。

6.3.1　入门级工具

入门级工具是最简单的大数据可视化工具，只需对数据进行复制、粘贴，直接选择需要的图形类型，然后稍微调整即可。常用的入门级工具如下。

(1)Excel。操作简单，生成图表快速，用户不需要复杂的学习即可使用其提供的各种图表功能，但很难制作出符合专业出版物和网站需要的数据图。

（2）Google Spreadsheets。Excel的云版本，增加了动态、交互式图表，支持的操作类型更丰富，但服务器负载过大时运行速度会变得缓慢。

6.3.2 信息图表工具

信息图表是信息、数据或知识等的视觉化表达，利用人脑更易理解图形信息的特点，更高效、更直观、更清晰地传递信息，在计算机科学、数学和统计学领域中有着广泛的应用。常见的信息图表工具如下。

（1）Google Chart API。谷歌的制图服务接口，可以用来统计数据，自动生成图片。使用该工具非常简单，不需要安装任何软件，可以通过浏览器在线查看统计图表。Google Chart API提供折线图、条形图、饼图、维恩图和散点图五种图表。

（2）D3。较流行的可视化库之一，用于网页作图、生成互动图形的JavaScript函数库，提供D3对象，所有方法都通过该对象进行调用。D3能够提供大量线性图和条形图之外的复杂图表样式，如Voronoi图、树状图、图形集群和单词云等。

【如何用Tableau
制作可视化图表】

（3）Visual.ly。可以快速创建自定义、样式美观且具有强烈视觉冲击的信息图表，方便好用，不需要学习任何与设计相关的知识。

（4）Tableau。桌面系统中最简单的商业智能工具软件，适用于企业和部门进行日常数据报表和大数据可视化分析工作。Tableau是数据运算与图表美观的完美结合，用户只需将大量数据拖放到数字画布上，即可创建好各种图表。

【大数据魔镜
的使用】

（5）大数据魔镜。国产数据分析软件，有丰富的数据相关公式和算法，可以让用户真正理解、探索和分析数据，用户只需通过拖放界面就可以创建交互式的图表和数据挖掘模型。企业积累的各种来自内部和外部的数据，如网站数据、销售数据、ERP数据、财务数据和社会化数据等，都可在魔镜中整合并进行实时分析。

6.3.3 地图工具

地图工具在大数据可视化中较常见，对基于空间或地理分布的数据显示有很强的表现力，可以直观地展现各分析指标的分布和区域等特征。当指标数据要表达的主题与地域有关时，就可以选择地图作为大背景，从而帮助用户更加直观地了解整体数据情况，同时可以根据地理位置快速定位到某一地区来查看详细数据。常见的地图工具如下。

（1）Google Fusion Tables。可以图表、图形或地图形式呈现数据表，从而帮助用户发现隐藏在数据背后的模式和趋势，也可以制作出专业的统计地图。

（2）Modest Maps。是小型、可拓展和交互式的免费地图库，提供了一套查看卫星地图的API，只有10KB，是目前最小的可用地图库。它也是开源项目，有强大的社区支持，是在网站中整合地图应用的理想选择。

（3）Leaflet。是小型化的地图框架，通过小型化和轻量化来满足移动网页的需要。

6.3.4 时间线工具

时间线是表现数据在时间维度的演变的有效方式。它通过互联网技术，依据时间顺序，把一方面或多方面的事件串联起来，形成相对完整的记录体系，再运用图文的形式呈现给用户。时间线可以运用于不同领域，其最大的作用就是使过去的事物系统化、完整化和精确化。自 2012 年 Facebook 在 F8 开发者大会上发布了以时间线格式组织内容的功能后，时间线工具开始在国内外社交网站中流行起来。常见的时间线工具如下。

（1）Timetoast。在线创作基于时间轴事件记载服务的网站，提供个性化的时间线服务，可以用不同的时间线记录用户某个方面的发展历程、心路历程和进程等。Timetoast 基于 Flash 平台，可以在类似 Flash 时间轴上任意加入事件，定义每个事件的时间、名称、图像和描述，最终在时间轴上显示事件在时间序列上的发展情况。其事件显示和切换十分流畅，通过单击鼠标可显示相关事件，操作简单。

（2）xTimeline。一个免费的绘制时间线的在线工具网站，操作简便，用户通过添加事件日志构建时间表，同时可给日志配上相应的图表。不同于 Timetoast 的是，xTimeline 是一个社区类型的时间轴网站，其中加入了组群功能和更多的社会化因素，除了可以分享和评论时间轴外，还可以建立组群，讨论所制作的时间轴。

6.3.5 高级分析工具

如果要进行专业的数据分析，采用复杂的数据算法，就必须使用高级分析工具。常用的高级分析工具如下。

（1）R。属于 GNU 操作系统的一个自由、免费、源代码开放的软件，是一个用于统计计算和统计制图的优秀工具，使用难度较高。R 套件包括数据存储与处理系统、具有强大的向量和矩阵运算功能的数组运算工具、完整连贯的统计分析工具。R 具有优秀的统计制图功能、简便而强大的编程语言，同时可操纵数据的输入/输出，实现分支、循环及用户自定义等功能，通常可用于大数据集的统计与分析。

【R 可视化举例】

（2）Weka。一款免费的、基于 Java 环境的、开源的机器学习和数据挖掘软件，不但可以进行数据分析，还可以生成一些简单图表。

（3）Gephi。一款开源、免费、跨平台、基于 JVM 的复杂网络分析软件，可用于探索性数据分析、链接分析、社交网络分析和生物网络分析等。

6.4 大数据可视化的发展

【大数据可视化
展示系统】

大数据可视化能够增强数据的呈现效果，方便用户以更加直观的方式观察数据，进而发现数据中隐藏的信息。基于 Web 的可视化可以使用户及时获取动态数据并实现数据的实时可视化。前面已经介绍了可视化的概念、技术和相应的工具，接下来将阐述可视化面临的挑战、发展方向和未来的应用。

6.4.1 大数据可视化面临的挑战

随着大数据时代的到来，大数据可视化日益受到关注，可视化技术也日益成熟。然而，大数据可视化仍存在着很多问题，并面临着巨大的挑战。

大数据可视化存在以下问题。

(1)视觉噪声。在数据集中，大多数数据具有极强的相关性，无法将其分离作为独立的对象显示。

(2)信息丢失。虽然可以采用减少可视数据集的方法，但会导致信息丢失。

(3)大型图像感知。大数据可视化不仅受限于设备的长度比和分辨率，也受限于现实中用户的感受。

(4)高速图像变换。用户虽然能够观察数据，却不能对数据强度变化作出反应。

(5)高性能要求。静态可视化对性能要求不高，因为可视化速度较低；然而动态可视化对性能要求会比较高。

大数据可视化面临以下挑战。

(1)数据尺度大，已超出单机、外存模型甚至小型计算集群处理能力的极限，而当前软件和工具运行效率不高，需探索全新思路解决该问题。

(2)在数据获取与分析处理过程中，易产生数据质量问题，需特别关注数据的不确定性问题。

(3)数据快速动态变化，常以流式数据形式存在，需寻找流数据的实时分析与可视化方法。

(4)面临复杂高维数据，当前的软件系统以统计和基本分析为主，分析能力不足。

(5)多源数据的类型和结构各异，已有方法对非结构化数据和异构数据的支持不足，网络数据可视化分析是推理求解异构数据内在关系的最重要的方法。

这五方面的挑战逐渐成为今后大数据可视化研究的热点与方向，相关科研人员将进一步开展研究，有望在可视化分析与高效数据处理等问题上获得更大突破。

6.4.2 大数据可视化的发展方向

大数据可视化技术的发展方向如下。

(1)多视图整合，探索不同维度的数据关系。通过专业的统计数据分析系统设计方法，理清海量数据指标与维度，按主题、成体系呈现复杂数据背后的联系；整合多个视图，展示同一数据在不同维度下呈现的数据背后的规律，帮助用户从不同角度分析数据、缩小答案的范围、展示数据的不同影响等。具备显示结果的形象性和使用过程的互动性，便于用户及时捕捉其关注的数据信息。

(2)所有数据视图交互联动。将数据图片转化为数据查询，每一项数据在不同维度指标下交互联动，展示数据在不同角度的走势、比例和关系，帮助用户识别趋势、发现数据背后的规律。除了原有的饼状图、柱形图、热图和地理信息图等数据展现方式外，还可以通过图像的颜色、亮度、大小、形状和运动趋势等分析一系列图形的数据，帮助用户通过交互挖掘数据之间的关联；并支持数据的上钻下探、多维并行分析，利用数据推动决策。

(3)强大的大屏展示功能。支持主从屏联动、多屏联动和自动翻屏等大屏展示功能，可实现高达上万分辨率的超清输出，并且具备优异的显示加速性能，支持触控交互，满足用户的不同展示需求。可以将同一主题下的多种形式的数据综合展现在同一个或分别展示在几个高分辨率界面中，实现多种数据的同步跟踪、切换；同时提供触控屏，作为大屏监控内容的中控台，通过简单的触控操作即可在大屏幕上实现内容的查询、缩放和切换，全方位展示企业信息化水准。

6.4.3 大数据可视化未来的应用

大数据可视化未来的应用包括以下三个方面。

(1)设备仿真运行可视化。通过图像、三维动画及计算机程控技术与实体模型融合，实现对设备的可视化表达，使管理者对其所管理的设备有形象具体的概念，对设备所处的位置、外形和所有参数一目了然，降低管理者的劳动强度，提高管理效率和管理水平，是"工业4.0"涉及的"智能生产"的具体应用之一。

(2)数据统计分析可视化。是目前被提及最多的应用，可用于商业智能、政府决策、公众服务和市场营销等领域。例如，精准营销可视化中通过分析与挖掘用户群的文化观念、消费收入、消费习惯和生活方式等数据，将用户群体划分为更加精细的类别。根据不同的用户群，制定不同的品牌推广战略和营销策略，提高用户的忠诚度，培养能为企业带来高价值的潜在客户，提升市场占有率。

(3)宏观态势可视化。宏观态势可视化是在特定环境下觉察、认知和理解随时间推移而不断变化的目标实体，最终展示整体态势。此类大数据可视化应用通过建立复杂的仿真环境、数据多维度的积累，可以直观、灵活和逼真地展示出宏观态势，从而使非专业人士能很快了解某一领域的整体态势和特征。

 知识拓展

国产大数据可视化分析工具——魔镜

苏州国云数据科技有限公司（以下简称国运数据）是我国著名的大数据科技企业，专注于云计算和大数据相关产品的研发，帮助客户理解数据的意义，挖掘数据背后的价值，为企业提供数据可视化、分析、挖掘的整套解决方案及技术支持，让企业数据变成真金白银，使企业在商战中独占鳌头。公司团队由IBM、淘宝、阿里巴巴、Intel等数据领域的专家组成，自主研发的"大数据可视化分析工具——魔镜"在国内处于行业领先水平，先后获得了黑马大赛全国百强、国际精英创业周A类项目等诸多荣誉，在电商、人力资源、公共交通等方面都有成功案例。

国云数据为广大中小企业提供专业的数据服务，主营业务包括以下三个方面。

（1）大数据可视化业务：集中于将海量数据以可视化的方式展现出来，使用户更直观地理解，更快地决策。

（2）数据分析服务：为企业提供专业的数据挖掘服务，将数据变成商业利器，提高成交转化率和成交额等重要指标。

（3）定制化的数据解决方案：根据企业情况，量身定制数据解决方案，从数据分析到数据展示都与现有业务完美结合，最大化发挥数据核心竞争力，在商场中独占鳌头。

国云数据的大数据可视化分析工具——魔镜具有以下优势。

1. 支持文本数据及主流数据库

企业可以安全接入Mysql等多种数据库，使类型杂、种类多的数据得到整合应用，魔镜支持多种文本格式（Excel、txt、csv等），支持多种数据库（Mysql、SQL Server、DB2、ORACLE、Postgre SQL、Access等），支持大数据集群（Hive、Spark、Impala）等。

2. 优化数据结构

魔镜能够清洗数据中错漏的数据，整合数据资源，规整数据格式，快速完成数据查询、编辑、分组，计算字段，数据表拆分、关联、更新，数据清理等。

3. 图表信息最大化

魔镜能够多角度透析数据，用一张图表释放更多分析结果，分析结果简单干练。用大小、颜色、标签、地图、形状等方式标记字段，甄别数据特征，确保数据信息不遗漏，抓住每个数据细节。

4. 丰富的可视化效果库

魔镜具有丰富的可视化效果库，可以任意呈现分析结果，更有地图为分析增色，分析汇报直观，可以提升企业数据呈现高度。

5. 仪表盘可以自由布局

魔镜可以随时随地轻松调整分析报告，与用户交互式分享分析结果，实时更新数据。魔镜仪表盘支持拖拽式自由布局，丰富的图文组件，多种配色方案，上卷下钻、筛选器、图表联动，让分析报告"开口说话"

6. 随时随地分享分析结果

魔镜可以以图片、表格等形式导出分析结果，通过二维码和链接的形式随时随地在手机、电脑、平板、大屏等设备上分享、查看分析结果。

小　　结

本章介绍了大数据可视化的相关知识，包括可视化的概念、技术和工具，同时分析了大数据可视化面临的挑战和未来的发展方向。大数据可视化在大数据分析中具有极其重要的作用，尤其从用户角度而言，是提升用户数据分析效率的有效手段。通过本章的学习，可以对大数据可视化有基本的了解和认识，从而为以后的工作和学习打下坚实的理论基础。

关键术语

(1)数据可视化　　　(2)平行坐标法　　　(3)信息图表工具　　　(4)时间线工具
(5)地图工具　　　　(6)桑基图　　　　　(7)漏斗图　　　　　　(8)树状图

习　　题

1. 选择题

(1)(　　)通常用于表示层级、上下级、包含和被包含关系。

　　A. 折线图　　　　　　　　　　　　B. 树状图

　　C. 柱状图　　　　　　　　　　　　D. 条形图

(2)下列(　　)的特征是始末端的分支宽度总和相等。

　　A. 桑基图　　　　　　　　　　　　B. 折线图

C. 条形图   D. 树状图

(3)( )能够展示每一数值相对于总数值的大小，同时强调每个数值。

A. 复合饼图   B. 分离型饼图

C. 普通饼图   D. 散型饼图

(4)散点图的类型不包括( )。

A. 散点图矩阵   B. ArcGIS 散点图

C. 三维散点图   D. 复合散点图

(5)柱状图和条形图的本质是相同的，只是在 x-y 坐标系上的分布不同。在延伸方向上，柱状图为( )延伸。

A. 水平   B. 斜上方

C. 垂直   D. 斜下方

(6)以下( )是大数据可视化技术。

A. 基于图形的技术   B. 基于层次的技术

C. 平行坐标法   D. 以上都是

(7)( )是最简单的大数据可视化工具。

A. Excel   B. R

C. Google Chart API   D. Google Fusion Tables

(8)以下( )是地图工具。

A. Tableau   B. D3

C. Google Fusion Tables   D. xTimeline

2. 判断题

(1)桑基图适用于用户流量、材料成分等数据的可视化分析。   ( )

(2)如果分析者想要处理的数据存在整体和部分的关系，则可以采用树状图。 ( )

(3)大数据可视化中的数据类型只有结构化数据。   ( )

(4)大数据可视化是大数据分析的最后且最重要的一环。   ( )

(5)数据的复杂性和多样性意味着需要对更多的多维数据进行处理和分析。 ( )

(6)散点图是指在分析中数据点在直角坐标系平面上的分布图，能够表示因变量随自变量变化的大致趋势。   ( )

(7)柱状图和条形图的本质是相同的，在 x-y 坐标系上的分布也是相同的。 ( )

(8)条形图包括单式条形图和复式条形图。   ( )

3. 简答题

(1)简述数据可视化的应用标准。

(2)大数据可视化的具体作用是什么？

(3)简述漏斗图的优点。

(4)散点图的类型有哪些？

(5)简述大数据可视化存在的问题。

(6)大数据可视化技术的发展方向有哪些？

(7)简述大数据可视化未来的应用。

(8)常用的高级分析工具有哪些？

【第 6 章 习题答案】

第**7**章

大数据应用

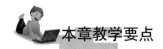 **本章教学要点**

知 识 要 点	掌 握 程 度	相 关 知 识
大数据在金融领域的应用	熟悉	大数据在客户管理、风险管控和运营优化中的应用
大数据在互联网领域的应用	掌握	大数据在电子商务、社交媒体和零售行业的应用
大数据营销	熟悉	大数据营销的特点和实际操作
大数据在生物医学领域的应用	了解	大数据在流行病预测、智慧医疗和生物信息学中的应用
智慧医疗	了解	智慧医疗在医疗资源的共享和医疗智能化中的应用
大数据在汽车行业的应用	了解	大数据在车联网和自动驾驶技术中的应用
智慧物流	掌握	智慧物流的现状及应用

　　大数据技术应用广泛，涉及人们日常生活的各个领域，大数据产业已成为战略性的新型产业。基于大数据的推荐预测算法流行开来，数据科学逐渐兴起，大数据的成功应用将产生重大价值。本章主要介绍大数据在金融领域、互联网领域、生物医学领域、智慧物流、汽车行业、公共管理及教育行业中的应用。

7.1　大数据在金融领域的应用

　　金融行业由于其自身行业特性，在长期的业务开展过程中积累了海量的高价值数据，因此在大数据的应用方面具备得天独厚的优势。以数据强度居于众多行业之首的银行为例，据统计，银行每创造 100 万美元的收入，会产生 820GB 存储数据。面对种类如此繁多且数量庞大的数据，金融行业应该如何分类、整合、分析和应用，是一个大问题。从业务角度来看，大数据在金融领域的应用可以分为客户管理、风险管控和运营优化三个方面。

7.1.1　大数据与客户管理

　　银行作为金融行业的重要组成部分，竞争日益激烈，客户服务的质量是关系到银行发展的重要因素，但客户可能根据年费、服务、优惠条件等因素而不断流动。在大数据金融时代，客户已被高度数据化，随着大数据技术的进步，成千上万的客户都能够被精准细分与定位，真正实现以客户为中心的高度个性化服务。应用大数据进行客户管理可分为客户洞察、产品购买响应预测、关联分析和客户价值潜力分析四个方面，见表7.1。

表 7.1 大数据在客户管理中的应用

应 用		描 述
客户洞察	客户流失预测与客户保持	应用预测算法，建立客户流失预测模型，提前识别流失可能性高的客户，预测可能导致客户流失的原因。金融企业根据客户流失预测结果，结合客户发展潜力和贡献度，尽早采取干预措施，尽可能地留住客户
	交叉销售与向上销售	基于金融行业现有的客户资源，通过对客户行为、购买过的产品、交易的时间及购买产品间的相关性进行分析，借助关联分析成果向客户销售其他产品
	360°客户全景视图	除了行业本身的交易数据外，通过对外部的社交网络数据进行分析，在社交网络上对客户进行画像；同时考虑客户的属性和交易行为，形成360°客户全景视图
	增强客户细分	根据客户属性划分客户集合，即将客户分为具有不同需求和特征的若干人群，以达到区别营销的目的。客户细分的工作步骤：首先搜集和分析能反映客户特征的内、外部数据；然后在此基础上，根据不同业务目的，以获取质量高、可维护的数据为细分维度，设计客户细分模型；最后根据模型细分客户，利用细分结果验证和修订细分变量，优化模型，形成最终的客户细分结果
产品购买响应预测		通过分析客户的基本信息、在金融机构的相关历史记录和其他相关信息，建立客户产品购买响应模型，对客户接受某产品的概率进行预估，找出最有可能购买相应产品的客户群组。通过该模型，金融机构可以选择该概率超过一定程度的客户为营销对象，从而提高营销成功率、降低营销成本
关联分析		从工商局、交易所、证监会、银监会、安全部门、公安部门发布的监管文件，新闻、出版物、社交媒体数据中抓取到的企业间关系、交易对手风险暴露及风险事件信息，全面刻画行业的社交网络图并应用于风险管理、营销等不同业务领域
客户价值潜力分析		选取客户的关键社会属性并进行分群及圈子分析，结合历史数据，预测客户的潜在价值并计算价值提升指数

 【阅读案例 7-1】

恒丰银行基于大数据的客户关系管理系统

近年来，恒丰银行发展稳健。截至 2016 年年末，恒丰银行资产规模已突破 1.2 万亿

元，是 2013 年年末的 1.6 倍；各项存款余额为 7682 亿元，各项贷款余额为 4252 亿元，均比 2013 年年末翻了一番。服务组织架构不断完善，有分支机构 306 家。不断增加的分支机构使得建设基于大数据的客户关系管理系统迫在眉睫，恒丰银行以"大力发展企业金融业务，聚焦重点行业核心客户"为服务宗旨，实现自上而下进行客户定位与营销指引的目标。恒丰银行于 2015 年 10 月启动客户关系管理(Customer Managed Relationship，CMR)系统的规划设计，面对恒丰银行的业务发展需要和业务团队对客户营销方面的要求，此项目自立项起就面临着来自业务和技术两方面的巨大挑战。

1. 业务方面面临的挑战

恒丰银行 CRM 系统要打破以往传统业务和数据模式，实现传统模式不能提供或不能实时处理的信息和功能。360°客户视图需要整合内外部数据，提供更完善的客户全景视图，实现对客户的深度洞察，这需要实时加工大量交易数据并提供可靠的交易、产品、风险预警等多种信息提醒，使业务人员能够及时预判客户的资产变化和风险趋势。而营销人员需要该系统提供智能的客户推荐与产品推荐，提高获客率和产品持有率；结合地理信息，为营销人员经常性的外勤任务提供方便的签到、拜访记录管理等功能，实现任务记录的移动化。

2. 技术方面面临的挑战

恒丰银行 CRM 系统要具有高实时性、高并发、高可用、可扩展性强和便于维护等特点，又要考虑由处理结构化数据向处理半结构化数据、非结构化数据转变的要求。CRM 系统需支持移动设备、个人计算机、PAD 等多种方式的访问，能够提供可适配、客户体验度高的用户操作界面；需支持高性能、高并发的用户请求和高性能的数据处理能力，并通过实时处理海量数据获取高价值的业务信息和风险信息；需支持分布式容器化部署，支持横向扩展和纵向扩展两种维度扩展系统性能和数据吞吐能力；需具备处理海量半结构化数据、非结构化数据的能力，运用机器学习及智能推理引擎获取有价值的营销线索及推荐信息。

3. 实施过程和解决方案

恒丰银行 CRM 系统采用 MVVM+微服务的技术架构，前端集成了 Bootstrap、AngluarJS、ECharts、WebSocket 等技术，使用 Scala 语言的 Xitrum 框架搭建 RESTful API，解耦客户端和服务端接口，使系统易于扩展和维护。服务端使用 Akka 框架处理复杂逻辑及异步通信，提高系统的容错性和可扩展性，使系统能够支持大量用户高并发、高流量的服务请求。采用"两地三中心"的 OpenStack 云环境部署，可以支持弹性部署与集群部署模式，实现弹性扩容和差异化的硬件资源配置，以降低运行和维护成本及人力成本。

恒丰银行 CRM 系统依托行内大数据平台尝试业务创新，致力于向业务人员提供准确、及时、智能的营销信息和营销机会，主要如下。

(1)恒丰银行 CRM 系统基于数据挖掘、文本处理、关系网络分析、实时流处理等大数据技术，通过对客户行内外数据的实时采集和智能分析，为业务人员提供客户行为类、预测类及生命周期类的营销响应信息。

(2)恒丰银行 CRM 系统创建了智能产品推荐模型，为客户经理正确评估客户价值、获取潜在价值客户、开发集团客户、实现精准营销提供信息支撑。

(3)恒丰银行 CRM 系统借助大数据平台，全面整合工商、企业舆情、互联网行为等外部公开信息，构建了更清晰全面的客户视图，使客户经理能够敏锐地掌握企业经营动态，及时发现在重大技术改革、兼并重组、首次公开幕股（Initial Public Offerings，IPO）等经济活动中蕴藏的客户需求和金融服务机会。恒丰银行 CRM 系统架构如图 7.1所示。

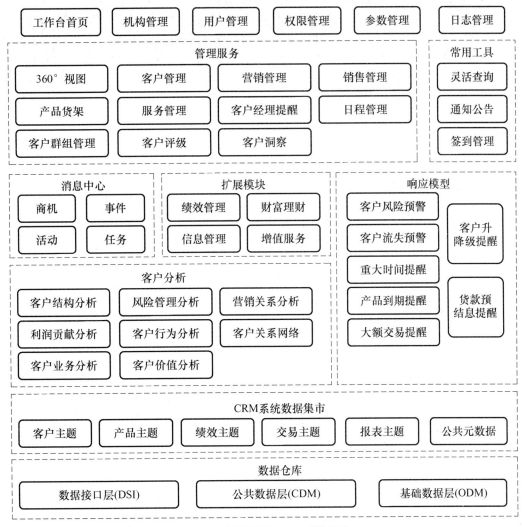

图 7.1　恒丰银行 CRM 系统架构

恒丰银行 CRM 系统自实施以来，采用实时流处理技术实现了全渠道信息的实时高效整合，充分运用智能技术实现客户营销机会预测、客户风险预警，提升客户服务体验，实现快速的客户风险应对功能。客户经理通过产品分析生成的流失客户预警来挽留客户，降低了客户流失率；同时通过产品推荐和智能揽客，提高了新客户增长率、产品持有率、价值客户增长率和重点产品持有率。

（资料来源：http://www.sohu.com/a/150376929＿400678，2017-06-20.）

7.1.2　大数据与风险管控

金融行业的风险管控包括三个方面：信贷风险管理、外部风险预警和打击金融犯罪。

【"互联网金融"成
网络讨论热词】

1. 信贷风险管理

信贷风险是指信贷放出后本金和利息可能产生损失的风险,它一直是金融行业需要努力解决的重要问题之一。大数据技术能够助力金融行业的信贷风险分析,通过收集和分析大量用户的日常交易行为数据,判断其业务范畴、经营状况、信用状况、用户定位、资金需求和行业发展趋势,解决由于财务制度不健全而无法了解真实经营状况的难题,让金融机构放贷有信心、管理有保障。对个人贷款者而言,金融行业可以充分利用申请者的社交网络数据分析得出信用评分。例如,美国的 Movenbank 移动银行、ZestFinance 金融科技公司和德国 Kreditech 贷款评分公司等新型中介机构,都在积极尝试利用社交网络数据构建个人信用分析平台,将社交网络资料转化为个人互联网信用。他们说服 LinkedIn 和 Facebook 等社交网络对金融行业开放用户的相关资料和用户在各个网站的活动记录,并以此作为客户信用评分的重要依据。图 7.2 是 ZestFinance 公司基于大数据相关性原则所采用的信贷风险评估方法。该评估方法的数据来源更加多元化,既包括银行和信用卡数据,又包括法律记录、搬迁次数等非传统数据。

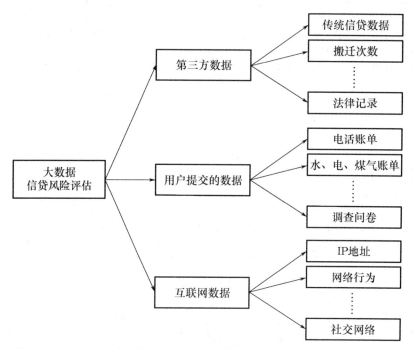

图 7.2 ZestFinance 公司基于大数据相关性原则所采用的信贷风险评估方法

大数据结合互联网让传统信贷突破了信用机制的约束和借贷双方之间的距离隔阂,利用大数据平台实现了信贷扁平化。大数据在金融领域的应用越来越广泛,通过建立集约化的流程化动态管理方式,提高金融的透明度,实现资金与需求的精细化匹配,并最终建立良好的信用生态。大数据是一种推动金融自身优化、改良的革命性工具,而信贷扁平化则是金融服务效率提升的体现。

2. 外部风险预警

外部风险预警是指通过集成宏观经济信息、行业信息、客户信息、财务信息、历史交易信息、金融行业内部信息和从外部非结构化数据(如法院、税务局、小贷公司黑名单)中提取到的有效信息,根据信息组合将数据细分为不同类别,进行预警和评分。外部风险预警系统涵盖了数据收集、数据提取、数据分析和数据结果四个环节,因此该系统可分为四个层级:数据管理层、数据整合层、数据分析层和数据结果层。

(1)数据管理层。风险预警系统以大数据为基础,数据作为系统的核心部分,是关键环节。在建立以数据为中心的金融风险预警系统的过程中,必须健全为金融行业服务的数据管理机制,建立与行业规模相匹配的数据中心,收集、整理、加工、存储数据,以便其他层级用户使用。

(2)数据整合层。数据整合是保证分析结果可靠性与准确性必不可少的环节。要从金融大数据中实现金融风险预警,必须对金融风险有透彻的定义和认识。从金融风险的定义出发,确定分析需求,重新整合数据,提取与需求对应的分析结果。

(3)数据分析层。数据分析是金融风险管理控制的实施手段。全面的数据分析层应包括现行的指标体系、统计模型、人工智能等功能。

(4)数据结果层。由数据分析层中得到的每一次预警都必须结合经营管理状况、外部经济运行环境及行业背景等进行分析,为决策者提供更完整的决策依据,从而减少为规避风险产生的损失。

3. 打击金融犯罪

金融方式日益增多,大大方便了普通居民的生活,同时让一些犯罪分子有机可乘。其中,洗钱就是一类利用金融系统进行的犯罪,它是指黑社会性质的组织将违法犯罪所得的收益通过金融机构隐瞒违法资金的来源和性质,使其在形式上合法化的行为。洗钱极大地妨碍了司法公正,破坏了金融管理秩序,使金融体系遭受不良影响。如今的洗钱犯罪已经出现向信息化支付工具转移的趋势,据统计,全世界每年洗钱的非法收入占全球生产总值(Gross Domestic Product,GDP)的 2%~5%。可想而知,洗钱涉及的犯罪金额非常庞大,如何快速精确地打击洗钱行为显得尤为重要。

反洗钱需要通过追溯钱的来源寻找与可疑资产相关的交易。相较于传统的检测手段,大数据能够通过完整的全局数据来分析和预测,能够快速高效地识别可疑交易。传统的识别技术基于银行内部的信息系统,且技术指标各不相同,极易形成一个封闭的信息孤岛。利用这种传统的关系型数据库和挖掘技术构建反洗钱平台,会遇到数据量大、数据格式不一致、无法存储和处理等技术难点,拖慢反洗钱的处理速度,大大影响时效性。

应用大数据技术使不同结构的数据被完整利用,通过快速处理非结构化数据,高效整合银行内部的数据资源,大幅增加反洗钱的力度、提高效率。交易监控及反欺诈系统是一套基于大数据分析的风险监控系统,其工作原理如图 7.3 所示。该系统采用分布流式计算平台架构,通过机器学习、神经网络等数据挖掘技术进行智能分析,可以有效地对银行交易数据进行实时风险监控，并依据风险级别进行决策；同时提供信息共享平台，在金融机构、公安机关、人民法院、监管机构等机构间实现规则、案件、黑名单等信息的共享。

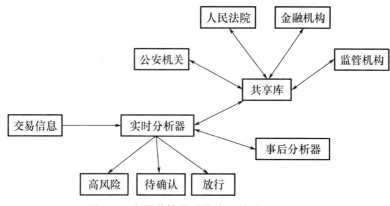

图 7.3　交易监控及反欺诈系统的工作原理

7.1.3　大数据与运营优化

随着互联网尤其是移动互联网的快速发展，金融信息呈爆炸式增长。当前利用外购资讯商的咨询服务或采用资讯商的终端，能在一定程度上满足金融公司和投资者对金融信息的一般需求及公司运营中的信息要求。但是此类标准化的资讯产品不能满足日益增长的信息量和更高效的历史数据查询需求。大数据在金融行业运营优化中的应用有网点运营优化、车联网/传感器数据分析、历史数据保存与管理、系统日志维护和系统故障分析五个方面，见表7.2。

表 7.2　大数据在运营优化中的应用

应　用	描　述
网点运营优化	综合考虑金融行业的业务量分布、物理设施的限制等因素，以达到最优化金融行业的网点设置、窗口资源和人力资源，最终实现降低运营成本、提升服务水平和员工满意度的目标
车联网/传感器数据分析	通过对驾驶人总行驶里程、日行驶时间、急刹车次数、急加速次数等驾驶行为进行分析，帮助保险公司全面了解驾驶人的驾驶习惯和驾驶行为，有利于保险公司发展优质客户，提供不同类型的保险产品
历史数据保存与管理	应用分布式数据存储，实现低成本存储金融行业的海量历史数据、高效率查询与应用历史数据
系统日志维护	从金融行业的各种源系统上收集日志，存储到中央存储系统，便于进行集中统计分析和处理
系统故障分析	基于设备监控进行大数据分析，实现智能化故障原因分析、性能容量动态阈值分析、实时交易路由分析、业务交易实时跟踪、面向业务服务的全方位监控、可量化的业务影响性分析和实时业务全景分析

7.2　大数据在互联网领域的应用

在互联网高速发展的今天，如何将大数据与互联网结合起来，如何使大数据在互联网中得到良好的应用，以便于帮助互联网进行决策，依旧需要众多科研人员的努力。大数据在互联网领域的应用主要体现在电子商务、社交媒体和零售行业三方面。

7.2.1　大数据与电子商务

爆炸式增长的数据已成为电子商务行业具有优势和商业价值的资源。电子商务企业掌握了全面的数据信息，其中包括所有注册用户的浏览信息、购买消费记录、用户对商品的评价、在其平台上卖家的买卖记录、产品交易量、库存量及商家的信用信息等。因此，大数据贯穿于整个电子商务的业务流程，是电子商务企业的核心竞争力。大数据在电子商务中的主要应用有推荐服务和大数据营销。

1. 推荐服务

随着网络信息的飞速增加，用户面临着信息过载的问题。虽然用户可以通过搜索引擎查找自己感兴趣的信息，但是在用户没有明确需求的情况下，搜索引擎难以帮助用户有效地筛选信息。为使用户从海量的信息中高效地获取自己所需的信息，推荐系统应运而生。推荐系统是大数据在互联网领域的典型应用，通过分析用户的历史记录了解他们的喜好，从而主动为用户推荐其感兴趣的信息，满足个性化的推荐需求。

(1)推荐系统方法。

推荐系统的本质是建立用户与物品之间的联系，根据推荐算法的不同，推荐方法可分为以下五类。

① 专家推荐。是传统的推荐方式，本质上是一种人工推荐，由资深的专业人士筛选物品，需要较高的人力成本，现多用于其他推荐算法结果的补充。

② 基于统计信息的推荐。概念直观，易于实现，但是对用户个性化偏好的描述能力较弱。

③ 基于内容的推荐。是信息过滤技术的延伸与发展，通过机器学习的方法描述内容特征，并基于内容特征发现与之相似的内容。

④ 协同过滤推荐。是推荐系统中应用较早且较成功的技术之一。一般采用最近邻技术，利用用户的历史信息计算用户之间的距离，然后借助目标用户的最近邻居用户对商品的评价信息，预测目标用户对特定商品的喜好程度，最后根据这一喜好程度对目标用户进行推荐。

⑤ 混合推荐。实际应用中，单一的推荐算法无法取得良好的推荐效果，因此多数推荐系统会有机组合多种推荐算法。

(2)推荐系统模型。

一个完整的推荐系统通常包括三个组成模块：用户建模模块、推荐对象建模模块和推荐算法模块，如图7.4所示。首先对用户进行建模，根据用户行为数据和用户属性数据分析用户的兴趣和需求，同时对推荐对象进行建模；然后基于用户特征和物品特征，采

大数据导论

用推荐算法得到用户可能感兴趣的对象，并根据推荐场景过滤和调整推荐结果；最后将推荐结果展示给用户。

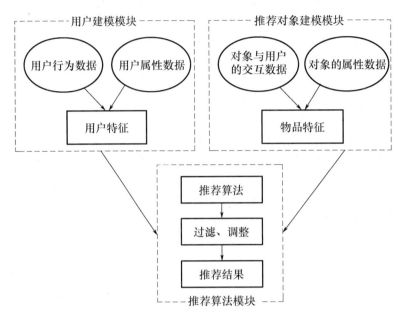

图 7.4　完整的推荐系统

在电子商务领域中，推荐系统扮演着越来越重要的角色。亚马逊作为推荐系统的鼻祖，已将推荐的思想渗透到其网站的各个角落，利用用户的历史浏览记录来为用户推荐商品，实现了多种推荐场景。

2. 大数据营销

大数据营销是指通过互联网采集大量的行为数据，帮助广告商找出目标受众，并以此对广告投放的内容、时间、形式等进行预判和调配，最终完成广告投放的营销过程。

（1）大数据营销的特点。

大数据营销的特点包括多平台数据采集、强调时效性、个性化、性价比高和关联性。

① 多平台数据采集。大数据的数据来源是多样化的，多平台数据采集能够使网民行为的刻画更全面、更准确。采集来源包括互联网、移动互联网、智能电视、户外智能屏等。

② 强调时效性。在网络时代，网民的消费行为和购买方式极易在短时间内发生变化，在网民需求点达到顶峰时进行营销非常重要。全球领先的大数据营销企业 AdTime 据此提出了时间营销策略，可通过技术手段充分了解网民的需求，及时响应每个网民当前的需求，在其决定购买的"黄金时间"内接收到商品广告。

③ 个性化。以往的营销活动大多以媒体为导向，选择知名度高的媒体进行投放。如今广告商完全以受众为导向进行广告营销，选择知名度高、浏览量大的媒体进行投放。因为大数据技术可让他们知晓目标受众身处何方、关注什么位置的什么样的屏幕。大数据技术可以做到当不同用户关注同一媒体的相同界面时，广告内容不同。大数据营销实

现了对网民的个性化营销。

④ 性价比高。与传统广告相比，大数据营销做到了最大程度地让广告商的广告投放有的放矢，并且可以根据实时效果反馈，及时调整投放策略。

⑤ 关联性。大数据营销的一个重要特点在于网民关注的广告与广告之间的关联性，由于大数据在采集过程中可快速得知目标受众关注的内容，知晓网民身在何处，这些有价值的信息可以让广告的投放过程产生前所未有的关联性，即网民看到的上一条广告语与下一条广告进行深度互动。

(2)大数据营销的实际操作。

对很多企业来说，大数据的概念并不陌生，但如何在营销中应用大数据呢？作为大数据最先落地也最先体现出价值的应用领域，大数据营销有较成熟的经验和操作模式。通过处理原始数据、分析用户特征及偏好、制定渠道和创意策略，最终实现营销效率的提升。大数据营销的一般过程如图7.5所示。

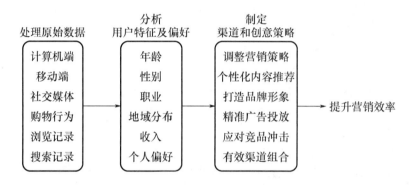

图7.5 大数据营销的一般过程

① 处理原始数据。需要对采集的原始数据进行集中化、结构化和标准化处理，使其能够被读懂。在该过程中，需要建立和应用各类"库"，如行业知识库(包括产品知识库、关键词库、域名知识库等)，由"数据格式化处理库"衍生出的底层库(包括用户行为库、URL标签库等)、中层库(包括用户标签库、浏览统计、舆情评估)等。

② 分析用户特征及偏好。将第一方标签与第三方标签结合，按不同的评估维度和模型算法，通过聚类方式将具有相同特征的用户划分为不同属性的族群，分别描述用户的静态信息(如性别、年龄、职业等)、动态信息(如商品偏好、娱乐偏好、健康状况等)、实时信息(如地理位置、相关事件、相关服务等)，形成网站用户画像。

③ 制定渠道和创意策略。根据对目标群体的特征测量和分析结果，选择更合适的用户群体，匹配适当的媒体，制定性价比及效率更高的渠道组合。在营销计划实施前，对营销投放策略进行评估和优化，从而提高目标用户群的转化率。

④ 提升营销效率。在投放过程中，仍需不断分析数据，并利用统计系统对不同渠道的类型、时段、地域、位置等有价值的信息进行分析，对用户的转化程度进行评估，在营销过程中调整实施策略。

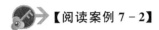【阅读案例7-2】

海尔：大数据营销的真实故事

杂乱无章，井然有序；上海虹桥新城小区；北京景泰西里小区；外企高级经理陈然；海尔帝樽空调；旅游杂志；厄瓜多尔足球名将格隆；海尔智能平板电视，这些看起来杂乱无章、毫无关系的词语组合，通过"大数据"而变得井然有序。这正是海尔公司社交化客户关系管理（Social Customer Relationship Management，SCRM）会员大数据平台帮助企业切换视角，在网络化时代为用户提供精准营销与互动服务的成功案例。

1. 个性化服务

2012年，海尔公司推出帝樽空调，因其外形由方到圆的颠覆性创新，被评为"影响世界的十大创意产品"。帝樽空调还有很多特点：健康，去除PM2.5；舒适，3D立体送风；智能，智能风随人动。

为精准预测还有哪些用户可能选购帝樽空调，及时提供个性化的服务方案，2013年4月，海尔公司通过SCRM会员大数据平台，提取了数以万计的海尔帝樽用户数据，与中国邮政的地址数据库匹配，建立了look-alike模型。该模型可以将已经购买帝樽空调的几万名用户所在的小区分成几类，并打上标签，再把这些数据标签返回中国邮政的地址数据库，找到有相似特点的所有小区。这类小区在北京市就有65个，其中就包含本案例将要提到的北京景泰西里小区。

大数据的到来让企业能够更快地发现更关注"健康"、在乎"舒适"或者偏爱"智能"的用户。海尔SCRM会员大数据平台同多家旅游类、健康类杂志合作，不仅可以为北京地区杂志订阅用户提供购买帝樽空调的优惠，还可以通过用户订阅的杂志类型来判断用户的特点，进行精确营销。通过这种方法，海尔公司找到了陈然——一位订阅旅游杂志的北京景泰西里小区住户。海尔SCRM会员大数据平台由此预测，陈然极有可能对帝樽空调去除PM2.5的功能感兴趣。几天后的4月26日，陈然收到了海尔投递的一封直邮单页，除了送去公益环保知识之外，重点介绍了帝樽空调去除PM2.5的功能。5月1日，陈然带着收到的直邮单页来到国美电器（北京洋桥店），现场体验后，购买了一套海尔帝樽空调。成交后，陈然登录海尔公司的官方网站，注册为海尔梦享会员。显然，通过海尔公司的精准营销，陈然享受到了个性化服务。

2. 互动的开始

海尔公司不是把成交当作销售的结束，而是当作互动的开始。5月6日，通过陈然留下的手机号码，海尔公司对陈然进行了回访，告知他不仅可以获得会员"消费积分"，而且可以通过互动获得会员"创新积分"。交流中，陈然还透露出购买电视机的计划。当天，陈然关注了海尔公司官方微博。相应地，SCRM会员大数据平台获取了他在微博上的公开数据，并且利用智能语义分析工具，从陈然的微博中经常提到的足球名将格隆，推测出陈然是一名足球爱好者，常看体育节目，也十分看重画面的流畅度。很快，海尔SCRM会员大数据平台将海尔智能电视机"高速、画面无拖尾"的特点精准地推送给了陈然。5月12日，陈然购买了一台海尔电视机。陈然很高兴，他说："海尔的这种精准服务信息是我需要的。"

海尔 SCRM 会员大数据平台有着严格的消费者隐私保护与数据安全规范，其获取的数据来源于用户、服务于用户。海尔公司分析这些数据的目的是预测用户需求、优化用户体验，如帮助陈然节省四处寻找满意的空调和电视机的时间。

3. 用平台黏住用户

海尔公司开展"网络化战略"，与用户虚网互动、实网体验，打造无边界的企业、无尺度的供应链，即"平台型企业，大规模定制"。当然，建平台获取数据不是目的，用平台黏住用户才是根本。

海尔公司有一个营销理念：用户参与设计才是真正的营销。事实上，在 SCRM 会员大数据平台上与陈然的互动已经不只是精准营销，而是让用户参与设计，与用户分享价值。陈然在与海尔公司进行互动时，说他父母家用的是海尔燃气灶，但因为小区年代久，燃气不稳定，点火费劲。他听说海尔公司开发了零水压洗衣机，问能否开发零气压燃气灶。这一建议通过 SCRM 会员大数据平台传递到企划平台进行优化设计。

陈然与基于大数据平台的开放的海尔公司网状组织任一节点接触，都将触发整张网络的联动。营销可以驱动企划，售后可以拉动售前，企业围绕用户精准服务，用户参与企业前端设计，内部与外部无边界，员工与用户不分你我。

（资料来源：https://www.toutiao.com/a6317129961309536514，2016-08-22.）

7.2.2　大数据与社交媒体

在大数据时代，各种社交网站和服务得到广泛应用。近年来，社交网络中的用户数量迅速增长，用户之间也产生了大量的关系或链接，社交数据分析工具正是由社交网站的海量数据衍生出的服务型产品，同时为社交网站提供了巨大的参考价值。社交网站可以根据对社交数据的分析结果，进一步开发出满足用户需求的应用和功能，从而将用户"黏"在自己的平台上。从这个意义上来说，通过对用户数据的挖掘和分析，社交网站完全有可能比用户自身更了解用户。

传统的数据管理方法不适用于处理大数据，需要新技术来管理、查询、处理和分析大数据，以实现数据挖掘和知识发现过程的优化，推动与激励大数据管理和数据科学的研究和实践。在社交网络上，用户发表的帖子提供了丰富的数据与各种表达和情绪。社交媒体的帖子涵盖了用户表达的信息、情感、鼓励和意见。现代网络社交平台为社交大数据的研究提供了大量的数据和信息，在此基础之上，机器学习、数据挖掘算法的发展为分析和研究人们的情绪带来了可能。

社交大数据的应用包括顾客倾向分析、社交关系分析、用户行为分析和舆情监督控制。

1. 顾客倾向分析

应用大数据可以更好地预测顾客未来的需求。进入互联网时代之后，每个人都不可避免地留下自己的行为痕迹。通过分析顾客在网上商城浏览商品、搜索商品、询价、下单等数据，可以帮助商家预测顾客需要什么类型的商品，或倾向于购买什么价位的商品。人们分享的信息越多，商家可利用的信息也就越多，社交网络不仅方便了用户之间的沟通交流，而且让商家更了解客户的需求。顾客在其社交软件中发表的评论，上传的音乐、

视频等的背后都隐藏着顾客的兴趣和消费倾向，从这些数据中可以预测其将要购买哪些产品，还可以根据反馈进行合理化改进。

2. 社交关系分析

社交关系分析可以帮助人们发现彼此的朋友圈，扩展交际范围，还能使有共同兴趣的人方便交流。站在商业角度，商家在预测客户需求时，不仅要关心客户自己表达的兴趣，而且要了解其朋友的兴趣。社交成员不可能在社交网络上表露出自己的全部兴趣，商家也不可能了解到全部细节信息。但是如果某一客户的大部分朋友都对某样事物感兴趣，则可推导出该客户的兴趣，即使他从来没有直接表达出来。

执法部门和反恐部门也可以从社交网络关系分析中获取有效信息，可识别出问题人群及与其有直接或者间接关系的群体，这类分析也称为链接分析。当发现可疑人物出现在某个地方时，就可以采用定位技术，对其进行更深入的监控分析。

3. 用户行为分析

个体用户在社会媒体上表现出不同的行为，作为个体或者更大范围的群体行为的一部分。当讨论个体行为时，人们的关注点只集中在某一个个体上；而群体行为则是在一群个体经过或未经协调或计划之后表现出的相似行为。

4. 舆情监督控制

对社交网络上的各种评论和意见进行分析，还可以有效地帮助政府进行舆情监控。分析这些舆情数据，可以发现社会大众对某个事件的关注度，还可以帮助政府发现潜在的社会问题，并据此采取相应的措施，实现更及时、更人性化的管理。

应用大数据分析个体行为和群体行为，可以发现人类的共性和差异性。社交网络上有大量的用户行为轨迹数据。对于研究人类行为的科学家而言，可以通过社交网络数据提取需要的数据并对数据进行跟踪，这些非格式化的数据（如照片、声音、文本等）可以更好地帮助行为学家分析人类行为变化，并从中发现人类行为的特征，寻找共性与差异性。通过对大数据的收集和分析，社交网络可以提供各种各样的服务，包括搜索、推荐、广告营销等，这些的服务也给社交网络中的大数据带来新的挑战。

7.2.3 大数据与零售行业

大数据在传统零售行业的应用主要体现在以互联网为依托，运用人工智能等先进技术手段，对商品的生产、流通与销售过程进行升级改造，进而重塑业态结构与生态圈，并对线上服务、线下体验及现代物流进行深度融合，形成一种零售新模式。大数据工具不同于其他任何工具，不仅需要仔细分析过去发生过什么，而且要向零售商展示正在发生的事情。它能揭示最新出现的威胁和机遇，推动未来商业模式的改变。所以，大数据技术对拥有海量信息的零售企业至关重要，决定了其对信息的处理能力。

【消费爆发下商业
进化 大数据
驱动零售变革】

大数据在零售行业的应用主要集中在发现关联购买行为、客户群体划分和整合产业链资源三个方面。

1. 发现关联购买行为

传统数据库中的数据多为静态结构化数据，无法准确判断顾客的真实需求。而基于云计算、物联网产生的大数据多为动态的非结构化数据，对这些大数据进行获取、整理和分析，能够实时模型化顾客的行为，准确洞察顾客潜在的和最新的需求，精准识别顾客购买决策，从而主动推荐产品或服务，顺利完成交易。沃尔玛"啤酒+尿布"的经典案例可以充分说明这一点。利用大数据可以发现顾客的关联购买行为和精准化洞察顾客需求。沃尔玛能够发现这种关联购买行为，很大程度上要归功于大数据技术，它拥有世界上最大的数据仓库系统，积累了大量的原始交易数据，利用海量数据可以对顾客的购物行为进行购物车分析。同时，通过数据分析和实地调查发现，美国一些年轻父亲下班后经常到超市购买婴儿尿布，而他们中有 30%～40% 的人会顺便为自己购买啤酒。这一发现使得沃尔玛的各个门店将尿布与啤酒摆放在一起，并最终提高了这两种商品的销售量。借助大数据技术，沃尔玛成功地从顾客历史交易记录中挖掘到啤酒与尿布之间的关联，并通过商品的组合摆放收到了意想不到的效果。

2. 客户群体划分

伴随具有海量数据的手机和大数据分析工具的进步，客户群体的划分更加细致。除了利用传统的市场研究资料和购买的历史数据外，零售商现在可以跟踪和利用个人用户产生的行为数据，加强消费者的多渠道体验，这已成为提升销售业绩、客户满意度和忠诚度的驱动力。无论这些消费者是在网上还是在线下购买商品，零售商都可以利用大数据为其无缝整合促销和价格的信息。

众所周知，对于零售行业而言，孕妇是非常重要的消费群体，具有很高的"含金量"。孕妇从怀孕到生产需要购买保健品、无香型护手霜、婴儿尿布、爽身粉等各种商品，有非常稳定的刚性需求。因此，孕妇会给商家带来巨大的收益。但是如果等到婴儿出生，公开的出生记录会使全国的商家都知道这个信息，新生儿母亲就会被铺天盖地的产品优惠广告包围，此时商家再行动就为时已晚，会面临着数量庞大的市场竞争者，这时大数据技术就能够提供很大的帮助。美国第二大零售超市 Target 率先采用大数据系统成功分析得到了客户的深层需求，达到了更精准的营销目的。他们通过分析发现，有一些明显的购买行为可以用来判断顾客是否已经怀孕，如含钙、镁、锌等的保健品。在此基础上，选出了 25 种典型商品的消费数据构建得到"怀孕预测指数"，借助该指数，可以在很小的误差范围内预测客户的怀孕情况。与此同时，Target 注意到，有些孕妇在怀孕初期并不想让他人知道，若贸然邮寄孕妇用品广告单，很可能适得其反，暴露顾客隐私，惹怒顾客。于是他们通过将优惠广告夹在与怀孕无关的其他商品优惠广告当中，他们通过获得巨大的收益。

3. 整合产业链资源

产业链整合是目前零售业转型的核心问题，零售业的产业链条由销售终端开始向前推，包括售后服务提供商、经销商、运输商、生产商和供应商等几个环节。在这些环节中产生的数据都将成为零售业大数据的一部分。零售行业的当务之急是解决通过产业链主体间的协调运作实现这些数据的共享与协同价值创造，以及实现大数据驱动的产业链协调运作机制等问题。

7.3 大数据在生物医学领域的应用

大数据在生物医学领域得到了广泛的应用。在流行病预测方面，大数据彻底颠覆了传统的流行病预测方式，使人类在公共卫生管理领域迈上了一个新台阶。在智慧医疗方面，通过建立健康档案区域医疗信息平台，利用最新的物联网技术和大数据技术，实现患者、医护人员、医疗服务提供商、保险公司之间的无缝且智能互联，让患者体验一站式的医疗、护理和保险服务。在生物医学方面，大数据使人们可以利用现有的数据科学知识，更加深入地了解生物学过程。

7.3.1 大数据与流行病预测

在公共卫生领域，流行疾病管理是一项关乎民众身体健康甚至生命安全的重要工作。具有传染性的病毒、细菌有发生突变和进化成超级细菌的可能，超级细菌引发大规模流行疾病的可能性并没有完全消除。随着全球经济的繁荣发展，便捷的交通工具也加快了流行性传染疾病的扩散速度、扩大了扩散范围。因此，只有在疫潮初期迅速掌握疫区的整体情况、控制病源扩散，并尽快采取实时预警和预防措施，才能尽量避免疫病带来的恐慌情绪和社会损失。

只依据从医院采集的相关就诊数据不能及时控制疫情的发展，因为样本局限、统计误差、逐层报告、核实周期延迟，达到预警级别时，疫情通常已经由点至面地发展开来，甚至达到快速爆发的阶段，带来难以挽回的损失。大数据的应用，使人类在公共卫生管理领域迈上了一个新台阶。以搜索数据和地理位置信息数据为基础，分析不同时空尺度的人口流动性、移动模式和参数，进一步结合病原学、人口统计学、地理、气象和人群移动迁徙、地域之间的因素和信息，可以建立流行病时空传播模型，确定流感等流行病在各个区域传播的时空路线和规律，得到更准确的态势评估和预测。

【阅读案例 7-3】

谷歌流感预测的是与非

2009 年，甲型 H1N1 流感爆发的前几周，谷歌的工程师们在 *Nature* 上发表了一篇论文，介绍了于 2008 年 11 月上线的谷歌流感预测（Google Flu Trend，GFT）系统的原理，并展示了 GFT 系统的实时性和准确性。GFT 可以仅延迟 1 天就给出每周的流感趋势报告，准确预测流感就诊患者的数量，比美国联邦疾病控制和预防中心提前了 7～14 天，且预测结果与美国联邦疾病控制和预防中心的检测结果高度相符。GFT 系统能够对流感爆发作出准确监测和快速反馈，基于谷歌发现并利用了体量巨大、覆盖广泛的实时搜索行为与流感疫情之间的关联性。

基于所掌握的庞大数据及复杂的数据类型，谷歌的工程师们并不是根据语义机器相关因果关系来直接判定哪些查询词条可以作为预测指标，而是将约 5000 万条常见检索关键词的庞大集合作为基础，对这些关键词逐一拟合，并判断拟合曲线与历史数据之间的相符程度，依据这一程度的真实性为每个检索关键词打分，然后由选择程序自动根据得分的高低对检索关键词进行排序。如图 7.6 所示是谷歌流感预测包含检索词数量的效果评估，可以看出当包含 45 个检索关键词时，模型预测结果的平均相关性曲线达到顶点。谷歌公司将这 45 个检索关键词作为 GFT 模型检测对象，并依据它们的检索总量来估计流行病的趋势。只要用户通过谷歌输入这些关键词进行检索，系统就会自动对用户的地理位置展开跟踪分析，创建出流感图表和流感地图。

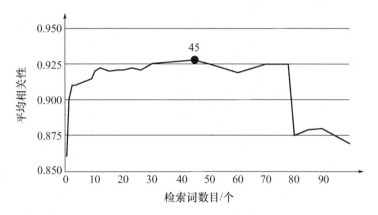

图 7.6 谷歌流感预测包含检索词数量的效果评估

使用类似的方法，谷歌还提供了知名热带疾病——登革热的疫情趋势，如图 7.7 所示，该疫情趋势与巴西官方医疗机构的统计数据相符。

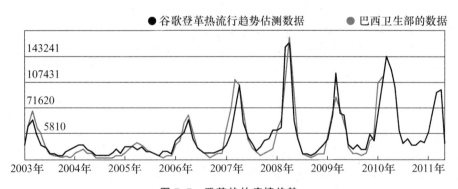

图 7.7 登革热的疫情趋势

2013 年 2 月，GFT 再次登上头条，但这次不是因为谷歌流感跟踪系统又有了什么新的成就。2013 年 1 月，美国流感发生率达到峰值，谷歌对流感趋势的估计数据比实际数据高两倍，这种不精确性再次引起了媒体的关注。事实上，在 2013 年的报道之前，GFT 就在很长一段时间内多次过高地估计了流感的流行情况。从 2011 年 8 月到 2013 年 9 月的 108 周中，谷歌开发工具错估流感流行的时长高达 100 周。2012—2013 年与 2011—2012 年相比，它对流感流行趋势高估了超过 50%。在冬天的流感高峰，谷歌追踪的数据是疾病控制和预防中心实际搜集数据的两倍，这些错误不是随机分布的。例如，前一周的错误会影响下一周的预测结果，错误的方向和大小随季节变化而变化，这些模式使得 GFT 高估了相当多的信息，而这些信息原本是可以通过传统统计方法提取而避免的。

2014 年 *Science* 上发表的一篇文章"谷歌流感的寓言：大数据分析的陷阱"以该故事为例，解释了大数据分析为何会背离事实。造成这种结果有两个重要原因，分别是大数据浮夸和算法变化。其中经常隐含的假设是，大数据是传统的数据收集和分析的替代品，而不是补充。人们断言大数据有巨大的科学可能性。但是，数据量并不意味着人们可以忽略测量的基本问题，构造效度和信度及数据间的依赖关系，大数据并没有产生对科学分析来说有效和可靠的数据。

谷歌改善服务时，也改变了数据生成过程。这些调整有可能人为推高了一些搜索，并导致谷歌被高估。例如，2011 年，作为常规搜索算法调整的一部分，谷歌开始对许多查询采用推荐相关搜索词(包括列出与许多流感相关术语的寻找流感治疗的清单等)的方式。2012 年，为了响应对症状的搜索，谷歌开始提供诊断术语，研究人员认为，如果是这样，谷歌流感趋势的不准确性就不是必然的，这并不是因为谷歌的方法或大数据分析本身存在缺陷，可以通过改变搜索引擎的策略提高预测的准确性。

当研究人员研究过去几年与各种流感相关的查询时，他们发现两个关键搜索词(流感治疗，以及如何区分流感、受凉或感冒)与谷歌流感趋势结合更密切，而不是实际的流感，这些特殊的搜索似乎是导致不准确问题的主要原因。利用大数据追踪流感是一件特别困难的事情，事实证明，主要原因是疾病控制和预防中心针对流感发生率数据制定的相关搜索词不同，这是由搜索模式和流感传播的第三个因素——季节导致的。事实上，谷歌流感趋势的开发人员发现那些特定的搜索词是随时间发生变化的，但这些搜索显然与病毒无关。

对流感的分析表明，最好的结果来自信息和技术的结合。取代谈论"大数据革命"的应该是"全数据革命"，应该用全新的技术和方法对各种问题进行更多、更好的分析。

（资料来源：陈海滢，郭佳肃，2017. 大数据应用启示录［M］. 北京：机械工业出版社.）

7.3.2 大数据与智慧医疗

智慧医疗通过整合各类医疗信息资源，构建药品目录数据库、居民健康档案数据库、影响数据库、检验数据库、医疗人员数据库、医疗设备数据库等卫生领域的六大基础数据库。

医生可以随时查阅病人的病历、病史、治疗措施和保险细则，随时随地快速制定诊疗方案；也可以让患者自主选择更换医生或医院，患者的转诊信息及病历可以在任意一家医院通过医疗联网的方式调阅。随着智慧医疗的覆盖面越来越广和云计算的应用，移动医疗成为智慧医疗中不可或缺的一部分。相较于传统的医疗方式，移动医疗能在不妨碍日常工作和生活的情况下随时随地检测生理状况，实现对疾病早发现、早诊断、早治疗。

【创投新风口：健康医疗大数据应用如何实现】

智慧医疗具有以下三个优点。

1. 促进优质医疗资源的共享

我国医疗体系存在的一个突出问题是优质医疗资源集中分布在大城市、大医院，一些校医院、社区医院和乡镇医院的医疗资源配置明显偏差，导致患者扎堆涌向大城市、大医院就医，使得这些医院人满为患，患者体验很差，而社区、乡镇医院却因为缺少患者而进一步限制了其自身发展。要想有效解决医疗资源分布不均衡的问题，当然不能在小城市建设大医院，这样做只会提高医疗成本。智慧医疗为解决该问题指明了方向：一方面，社区医院和乡镇医院可以无缝衔接到市区中心医院，实时获取专家建议、安排转诊或接受培训；另一方面，一些医疗器械可以实现远程医疗监护，不需要患者亲自跑到医院，如无线体重计、无线血糖仪等传感器可以实时监测患者的血压、心率、体重、血糖等生命体征数据，传输给相关的医疗机构，使患者得到及时有效的远程治疗。

2. 避免患者重复检查

以前，患者每到一家医院，需要在这家医院购买新的信息卡和病历，重复做在其他医院已经做过的各种检查，不仅耗费患者大量的时间和精力，影响患者情绪，也浪费了国家宝贵的医疗资源。智慧医疗系统实现了不同医疗机构间的信息共享，在任何医院就医时，只要输入患者的身份证号码，就可以立即获取患者的所有信息，包括既往病史、检查结果、治疗记录等，再也不需要在转诊时做重复检查。

3. 促进医疗智能化

智慧医疗系统可以对患者的生命体征、治疗、化疗等信息进行实时监测，杜绝用错药、打错针等现象；还可以自动提醒医生和患者进行复查，提醒护士发药、巡查。此外，系统利用历史累计的海量患者数据，可以构建疾病诊断模型，根据患者的各种病症，自动诊断其可能患有哪种疾病，从而为医生诊断提供辅助依据。未来，患者的服药方式也将更加智能化，智慧医疗系统会自动检测到患者血液中的药剂是否已经代谢完毕，只有当代谢完毕时才会提醒患者。此外，可穿戴设备的出现，让医生能够实时监控病人的健康、睡眠、压力等信息，及时制定各种有效的医疗措施。

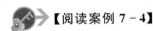【阅读案例 7 - 4】

第三代云门诊医院信息系统

医院信息系统（Hospital Information System，HIS）是利用计算机软硬件技术、网络通信技术等现代化手段，对医院及其所属各部的人流、物流、财流进行综合管理的一款软件。在国际学术界，它已被公认为新兴的医学信息学的重要分支。HIS 的有效运行，将提高医院各项工作的效率和质量，减轻各类事务性工作的劳动强度，使工作者腾出更多的精力和时间为病人服务；分析数据以改善经营管理，保证患者和医院的经济利益；为医院创造经济效益。

作为互联网医疗的先行者，大宅门医疗集团向来十分重视技术的革新和数据的沉淀。在政府大力推行"医疗信息化"的背景下，地方各级医院使用的 HIS 就显得尤为重要。大宅门医疗集团决定打造一款方便医院、诊所使用的云门诊 HIS。团队在调研了市场上多个 HIS 之后，历时 6 个月，推出第三代云门诊 HIS。

传统的 HIS 能够解决单个医疗机构的信息化问题，但却对分散的个体没有有效的解决方法。第三代云门诊 HIS 功能齐全，可以实现挂号、看病、收费、发药、药品管理、医院管理、收支统计等功能，极大地提高了医院、诊所的工作效率，同时简化了患者的就诊流程。该系统能够满足医院门诊、乡镇卫生院、医务室、卫生服务站、连锁诊所、

药店、医生工作室、中医馆、养生馆等医疗机构的信息化服务需求，助力基层医疗机构实现信息化，让更多的老百姓享受到互联网科技带来的便利。第三代云门诊 HIS 的功能架构如图 7.8 所示。

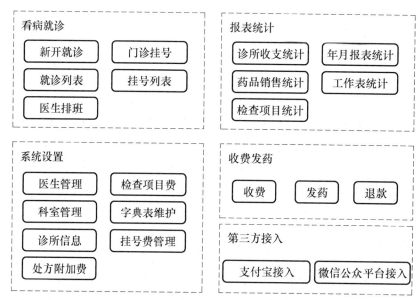

图 7.8 第三代云门诊 HIS 的功能架构

第三代云门诊 HIS 的优点如下。

(1) 系统开源，降低学习门槛。

(2) 无须安装硬件，联网即可使用。

(3) 保存患者就诊信息，方便查看电子病历。

(4) 药品库存信息化，库房情况完全掌握。

(5) 统计图形化，诊所收支一目了然。

(6) 可接入第三方接口，支持医保支付、微信支付和支付宝支付，从而方便患者付款。

(7) 完善的医生排班系统，既能避免医生的工作强度太大，又能充分利用医疗资源来为患者服务。

7.3.3 大数据与生物信息学

生物信息学是一门综合了计算机科学、信息技术、数学理论、统计方法等的研究生物信息的交叉学科，包括生物学数据的分析、研究、存档、显示、模拟等。随着测序技术的发展，生物数据呈指数级增长，传统的分析方法已无法满足分析海量数据的需求。人类基因组含有约 30 亿个 DNA 碱基对，全球范围内启动了各种基因组计划，有越来越多的生物体的全基因组测序工作正在开展或已经完成。除此之外，蛋白组学、代谢组学、转录组学、免疫组学等也是生物大数据的重要组成部分。因此，将大数据时代的云计算、数据挖掘等技术应用到生物信息学上迫在眉睫。大数据技术和工具在基因组学中的应用分为四类：数据读写和检索、数据查错、数据分析和平台集成工具。

1. 数据读写和检索

通常情况下，测序仪能够产生数以百万计的短 DNA 序列信息，这些信息需要被映射到特定的参考基因组才能进行进一步的数据研究和分析，如基因分型和表达变异分析等。CloudBurst 是一个开放源代码的并行读取算法大数据模型，能够大大提高读取并映射序列数据到人类基因组数据的速度。

2. 数据查错

如今有相应的大数据处理技术来识别序列数据中的错误。SAMQA 软件旨在帮助识别序列数据中的错误，以确保大规模的基因组数据符合最低标准的质量要求。SMAQA 软件最初是为癌症基因组图谱项目的数据而设计的，能自动识别并报告错误，包含数据异常性的技术测试，如格式错误、无效值、空数据读取等。对于生物实验数据，研究人员可以通过设置阈值来过滤可能错误的数据，而这些数据将被报告给专家手动评估。

3. 数据分析

在基因组学方面，研究人员已经开发了几个被广泛使用的大数据计算框架和工具包，如 GATK、CloudBurst 等，通过使用并行计算、云计算和 MapReduce 的大数据技术来分析基因序列信息。GATK 是一个基于 MapReduce 的编程框架，支持大规模的 DNA 序列分析，已经被应用于癌症基因组图谱计划和国际千人基因组计划。

4. 平台集成工具

使用大数据计算平台往往需要具备一定的分布计算和系统知识。为了减少生物信息学研究的大数据应用的障碍，一些项目专注于集成现有的大数据系统和工具，开发易用的平台为研究人员提供分析和系统集成支持。SeqPig 运算包在 Hadoop 分布计算平台上集成了一系列便捷工具，用于大规模的操作、分析和访问数据，虚拟机技术也被应用到工具集成中。

【阅读案例 7-5】

大数据在白血病基因配比中的高效应用

"以前一个人一下午才能做七八个人的白血病基因配比，现在我们在数据库中做配比，只要 3min 就能完成这项工作。"基因云馆的运营总监于昕说到自己所从事的工作时无比自豪。2016 年，于昕在微信公众号中写到："理想到现实，如此的不易。"而一年后，于昕一步步接近他的理想。他说，人类白细胞抗原（Human Leukocyte Antigen，HLA）血液配型系统是他们团队在 2017 年做的一个比较成功的项目。HLA 血液配型对非专业人士来说非常陌生，但是对白血病患者来说却是救命的事情。白血病患者需要进行骨髓配型，只有配比到合适的骨髓，才能做骨髓移植手术。

如果按照传统的做法，白血病基因配比是一项巨大的工程，要把患者的血样与上万人的血样进行配比。以前都是人工操作，一个人一下午才能做七八个人的配比。于昕团队开发的 HLA 血液配型系统可以很快获得配比结果，从上万人中获得与患者匹配的骨髓，一台计算

机仅需 3min 就能完成。如果按照分布式计算，多台计算机共同合作，不到 1min 就能完成。"目前我们这个项目还在谈判阶段，希望能够快速落地，用这一大数据医疗的科技造福人类。"于昕谈到这一年的收获时，显得有些激动，他很期待看到未来大数据对人类生活的影响。

于昕在创业之前，一直在上海交通大学的生物实验室工作。2012 年，于昕离开了那里，回到济南开始创业之旅。经过几年的磨砺，于昕的互联网大数据生物信息应用系统已经做得顺风顺水了。2017 年，他们公司的营业额增长了一倍。作为一名大数据从业者，他希望能有更多行业应用落地，让所有人享受到大数据的实惠，用大数据造福更多人。

（资料来源：http://www.chinacpda.org/anlifenxi/13833.html，2018-01-03.）

7.4　大数据在其他领域的应用

大数据技术已经融入社会生产和生活的方方面面，其巨大价值得以体现。在物流领域，基于大数据技术的智能物流有效提升了物流系统的效率；在汽车行业，融合大数据技术的"无人汽车"和车联网保险精准定价，让人们可以获得更贴心的服务；在公共管理领域，可以借助大数据更好地处理突发事务；在教育领域，越来越多的基于大数据的应用推动了教育的变革。

7.4.1　大数据与智慧物流

智慧物流是大数据在物流领域的典型应用。智慧物流融合了大数据、物联网和云计算等信息技术，使物流系统能够实现物流资源的优化调度和有效配置及物流系统效率的提升。大数据技术是智能物流发挥重要作用的基础和核心，物流行业在货物流转、车辆追踪、仓储等各个环节中都会产生海量数据，分析这些物流数据有助于人们深刻认识物流活动背后的规律，优化物流过程，提升物流效率。

1. 智慧物流的发展现状

智慧物流大体可分为两类：一类是智慧物流硬件技术，包含通用的智慧数据处理硬件技术和专用的物流硬件技术；另一类是智慧物流软件技术，包含通用的数据处理软件和专用的物流数据处理软件。

通用的智慧物流硬件技术主要是构成计算机系统的各种通用的物理设备，包括存储所需的外部设备。专用的智慧物流硬件技术主要指为物流作业而研发的特定硬件，主要包括识别条码的扫码枪、自动化输送设备、自动化分拣设备、堆垛机、输送机等。硬件的配置应满足整个智慧物流系统的需要。

智慧物流软件技术主要包括操作系统、智慧物流系统及应用程序。智慧物流管理系统是智慧物流系统的核心软件，在操作系统的支持下工作，解决科学地组织、存储、获取和维护数据问题。

2. 智慧物流的作用

智慧物流具有以下三个作用。

(1)提高物流的信息化和智能化水平。包括库存的确定、运输道路的选择、自动跟踪的控制、自动分拣的运行、物流配送中心的管理等问题，而且物品的信息也将存储在特定数据库中，并根据特定的情况作出智能化的决策和建议。

(2)降低物流成本和提高物流效率。由于交通运输、仓储设施、信息通信、货物包装和搬运等信息的交互，可以利用物联网技术集中调度物流车辆，有效提高运输效率；利用超高频 RFID 读写器实现仓储进出库管理，可以快速识别货物的进出库情况；利用 RFID 读写器建立智能物流分拣系统，可以有效提高生产效率并保证系统的可靠性。

(3)提高物流活动一体化水平。通过整合物联网相关技术、集成分布式仓储管理系统及建设流通渠道，可以实现多种运输、存储、包装、装卸等环节全流程一体化管理模式。

3. 基于大数据技术的智慧物流设计

(1)数据的传输与共享。借助大数据技术的智慧物流首先要解决的就是企业信息流通通畅的问题，在整个物流信息交换过程中，需要实现企业的供货方、采购方、政府工商部门、物流企业的运输部门等的信息交换和共享。将各种数据平台中的数据整合在一起，如信息系统、商品发布系统及运输监控系统，其中最大的难题是不同部门和不同平台的数据异构问题。

(2)物流信息实时跟踪管理。借助云计算的大数据技术、物联网技术及卫星定位技术，能轻松实现运输智能调度、货物跟踪及安全监控功能。车辆和货物信息可通过物联网技术实时采集，通过互联网上传至智慧物流平台，最后利用相应的算法实现车辆的优化调度和货物的跟踪处理。对货运车辆实时监听监控，大幅度提高被监控车辆的安全系数，保障各方面的安全性。

(3)数据的收集与分析处理。基于云平台的数据技术可对收集的客观原始数据进行数据挖掘、模糊分析及预测等，较深入地分析和挖掘对企业有用的数据信息，利用相关的数理统计模型分析出有助于决策的信息，用于物流数据统计分析、最佳配送路径分析、物流经济发展趋势预测等。例如，京东商城借助大数据技术与数学方法，可以演示实时的数据信息，及时了解企业的运行状况；实时地分析整个物流过程，及时预估和缩短企业的送货时间；合理地建立可行的站点以最优化配送路程。

4. 智慧物流的应用

智慧物流有着广泛的应用，国内许多城市围绕智慧港口、多式联运、冷链物流、城市配送等方面，着力推进物联网在大型物流企业、大型物流园区的系统级应用。将 RFID 技术、定位技术及相关的软件信息技术集成到生产及物流信息系统领域，探索利用物联网技术实现物流环节的全流程管理，开发面向物流行业的公共信息服务平台，优化物流系统的配送中心网络布局。分布式仓储管理及流通渠道建设能够最大限度地减少物流环节、简化物流过程，能够提高物流系统的快速反应能力。此外，通过跨领域信息资源整合，建设基于卫星定位、视频监控、数据分析等技术的大型综合性公共物流服务平台，发展供应链物流管理。大数据为供应链物流管理带来的价值如图 7.9 所示。

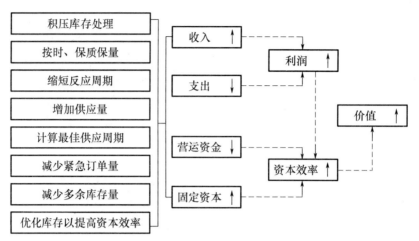

图 7.9　大数据为供应链物流管理带来的价值

7.4.2　大数据与汽车行业

如今,汽车行业发展进入新的阶段,电动化、智能化、互联化成为趋势。而基于互联化,汽车行业成为大数据的生产者。汽车行业迈入了大数据时代,而大数据时代也大大加快了汽车产业互联化、数字化的进程。在大数据时代,数据代表着财富,谁优先掌握数据,谁就能把握市场趋势,在竞争中赢得一席之地。

1. 大数据与车联网

车联网即"车与信息系统之间互联的网络",是物联网的一种典型应用,其目标是将传感器技术、通信技术、数据处理技术、网络技术、自动控制技术、信息发布技术等有机地运用于整个交通运输管理体系,从而建立起一种实时、准确、高效的交通运输综合管理和控制系统,可以进一步分为汽车导航、RFID 设备、汽车电子、交通信息化和车联网应用等几大子业务。实际上,车联网的应用价值不仅限于交通。车辆每年形成的近千亿条"时空""时间""车""驾驶员身份特征"等信息,构成了宝贵的"涉车信息资源"大数据。车联网大数据可提供面向公安、城建、环保、税务、保险、车主领域的 34 种功能和 78 项服务,包括控制交通拥堵、停车难、交通违章、肇事逃逸、套牌车、汽车尾气污染等问题的公益服务和非公益性的商业服务。车联网大数据拼图如图 7.10 所示。

2. 大数据与自动驾驶技术

自动驾驶汽车的传感器包括高智能的摄像头、激光雷达等,通过这些技术感知到各种情况,如人与车在路上的位置、速度、方向,局部天气情况、路面情况,道路变化情况等。这些信息被传到云端,在云端作进一步的融合、机器学习、分析等,然后将这些信息下发到即将到达该区域的车辆,同时贡献于高精度实时交通。无论是传感器还是云服务,对自动驾驶技术来说都是必不可少的。自动驾驶技术和无人驾驶技术都需要数据处理能力,单纯依赖传感器、摄像头而没有数据化是无法实现的。依靠大数据技术,处理数据的效率得到了质的提升。

【五分钟搞懂
自动驾驶汽车】

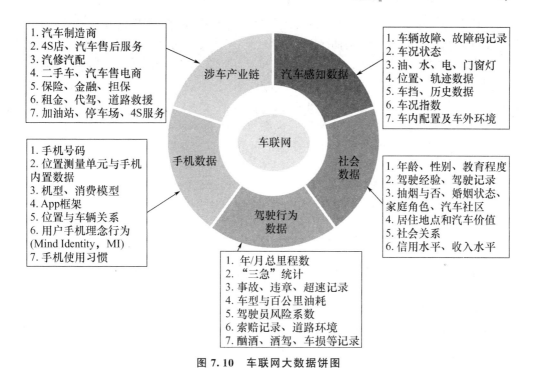

1. 汽车制造商
2. 4S店、汽车售后服务
3. 汽修汽配
4. 二手车、汽车售电商
5. 保险、金融、担保
6. 租金、代驾、道路救援
7. 加油站、停车场、4S服务

1. 手机号码
2. 位置测量单元与手机内置数据
3. 机型、消费模型
4. App框架
5. 位置与车辆关系
6. 用户手机理念行为(Mind Identity, MI)
7. 手机使用习惯

1. 车辆故障、故障码记录
2. 车况状态
3. 油、水、电、门窗灯
4. 位置、轨迹数据
5. 车挡、历史数据
6. 车况指数
7. 车内配置及车外环境

1. 年龄、性别、教育程度
2. 驾驶经验、驾驶记录
3. 抽烟与否、婚姻状态、家庭角色、汽车社区
4. 居住地点和汽车价值
5. 社会关系
6. 信用水平、收入水平

1. 年/月总里程数
2. "三急"统计
3. 事故、违章、超速记录
4. 车型与百公里油耗
5. 驾驶员风险系数
6. 索赔记录、道路环境
7. 酗酒、酒驾、车损等记录

图 7.10　车联网大数据饼图

自动驾驶技术经常被描绘成一个可以解放驾驶员的技术奇迹，而谷歌是该领域的技术领跑者。谷歌于 2009 年启动了对自动驾驶技术的研究，2014 年 4 月宣布其自动驾驶汽车可以在高速公路上自由穿梭，但暂时还无法在路况十分复杂的城市道路上行驶。

谷歌自动驾驶汽车系统可以同时对数百个目标保持检测，包括行人、公共汽车、骑车者、停车指示牌等。谷歌自动驾驶技术的原理如图 7.11 所示。车顶上的激光雷达发射645 束激光射线，当激光射线碰到车辆周围的物体时会反射回来，由此可以计算出车辆与物体的距离；同时，在汽车底部有一套测量系统，可以测量出车辆在三个方向上的加速度、角速度等数据，并结合全球定位系统(Global Positioning System，GPS)数据计算车辆的位置。这些数据与车载摄像机捕获的图像一起被输入计算机，大数据分析系统能够

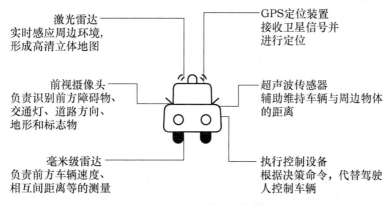

激光雷达
实时感应周边环境，
形成高清立体地图

GPS定位装置
接收卫星信号并
进行定位

前视摄像头
负责识别前方障碍物、
交通灯、道路方向、
地形和标志物

超声波传感器
辅助维持车辆与周边物体
的距离

毫米级雷达
负责前方车辆速度、
相互间距离等的测量

执行控制设备
根据决策命令，代替驾驶
人控制车辆

图 7.11　谷歌自动驾驶汽车技术的原理

以极快的速度处理这些数据。这样，系统就可以实时探测周围出现的物体，不同汽车间甚至能够进行相互交流，了解附近其他车辆的行进速度、方向、车型、驾驶人水平等，并根据行为预测模型对附近汽车的突然转向和制动行为及时做出反应，迅速地做出各种车辆控制动作，引导车辆在道路上安全行驶。

随着自动驾驶技术的不断发展，未来汽车将配置更多的红外传感器、摄像头和激光雷达，这也意味着将会生成更多的数据。大数据分析技术将帮助自动驾驶汽车系统做出更智能的驾驶动作决策，比人类驾驶更安全、更舒适、更节能环保。

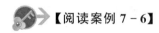 【阅读案例 7 - 6】

大数据和车联网在车险中的应用

传统的车险定价模式存在一定的不合理性。目前绝大多数保险公司的车险保费取决于新车购置价格，但是由于驾驶地点、驾驶习惯、驾驶里程的不同，实时出险概率和赔付概率存在巨大差异。

根据车险发展阶段的不同，车险定价模式分为保额定价、车型定价及使用定价三类。

(1) 保额定价：最粗放，保险公司根据"新车购置价"设定保费，忽略了"从车"与"从人"的差异性。

(2) 车型定价：保费的计算方式根据不同车辆的安全状况（出险概率不同）及不同品牌车辆的维修成本差异（"零整比"系数）而定。

(3) 使用定价：通过车联网收集驾驶人的行为数据，如行驶里程、时间、区域及驾驶习惯等，建模并分析驾驶行为背后的风险，进而设计保费。

使用定价保险(Usage Based Insurance，UBI)是根据驾驶行为蕴藏的风险进行个性化定价。通过对车主、车型信息及历史理赔记录等基础数据进行分析，保险公司能够对车主出险的概率作出粗略的描述，而通过分析车载设备、车主驾驶行为和习惯数据，保险公司能够基于海量驾驶数据对车主在驾车过程中的风险作出更准确的度量，从而对每位车主的车险费率进行更合理的定价。表 7.3 为保险公司的个性定价过程中存储并处理的数据。图 7.12 为保险公司个性化定价的过程。

表 7.3 保险公司的个性定价过程中存储并处理的数据

数 据 类 型	描　　　　述
基本信息	车牌号、车型、车主资料等
事件信息	点火/熄火、低电压、碰撞、拖吊、怠速、超速等
故障码	当前故障码、历史故障码等
车辆三急	急加速、急减速、急转弯
车况历史	车辆评分、车辆诊断系统(On Board Diagnostic，OBD)历史记录、平均油耗、行驶统计数据等
车况信息	转速、时速、耗油量、行驶里程、剩余油量、百公里油耗、电压、水温、大气压力、进气湿度、空气流量、故障数量、油门位置等
车辆轨迹	分段信息、GPS 历史记录、行驶记录统计等

续表

数据类型	描　述
GPS信息	经度、纬度、角度、定位时间、定位基站信息等
绑定信息	绑定的本机终端识别号等
扩展信息	购买信息、保险信息、违章信息等

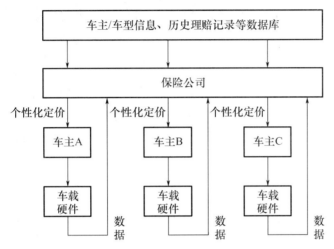

图7.12　保险公司个性化定价的过程

对消费者来说，使用UBI的最大好处在于可以大幅度节省保费。另外，可以根据需求定制保险服务，提高理赔效率和使信息透明化，获取增值服务(盗窃找回、事故预警或信息娱乐)。对保险公司而言，UBI让实时风险评估与精准定价成为可能。保险公司还可以主动选择低风险驾驶人，精简理赔管理并主动预防理赔事故的发生。另外，提供差异化的产品与服务有助于保险公司打造特色、获取增值收益。但考虑到政策、数据积累和对行业盈利的影响，UBI产品与定价存在不确定性。全球范围内，UBI车险规模一直稳步增长，但在大多市场中的渗透率不足1%。全球最成功的UBI市场在意大利和英国，这是价值驱动的结果。英国年轻驾驶人或有不良驾驶记录者的保费过高，UBI可以显著降低车险价格；意大利车险欺诈严重，需要UBI技术予以辅助。

鉴于物联网建设需要大规模的设备投入，保险公司需广泛开展生态系统合作，与设备商、服务商、通信运营商联合，合作推出某项产品或服务，实现多方共赢。尽管保险公司并非跨界合作的天然载体，但应积极努力扮演生态圈的推动者。

(资料来源：http://www.sohu.com/a/74951363_361162，2016-05-12.)

7.4.3　大数据与公共管理

大数据在公共管理中发挥着日益重要的作用，主要体现在交通、反恐和天气预测等领域。

1. 大数据与交通

随着交通系统的快速发展，交通已经成为人们生活中必不可少的部分。随着人口的快速增长、城市中车辆数目的激增，人们生活日益便利的同时，产生了一系列问题。交通拥堵、运输能力失衡和频繁发生的交通事故已经成为道路网络中亟待解决的问题。

遍布在城市各个角落的智能交通基础设施（如摄像头、感应线圈、射频信号接收器），每时每刻都在生成大量感知数据，这些数据构成了智能交通大数据。利用事先构建的模型对交通大数据进行实时分析和计算，就可以实现交通实时监控、交通智能、公共车辆管理、旅行信息服务、车辆辅助控制等应用。以交通实时监控为例，绘制实时路况信息地图的难点并不在于获取准确详细的静态电子地图，而在于获取并分析处理实时反馈的海量动态 GPS 点信息。GPS 点信息通常由时间、精度和维度三个字段组成，高频采样的GPS 信息是按时间推进的序列，根据序列中的字段信息，能够测算出位置主体的运行速度，并完整重现用户的出行轨迹。由于驾驶车辆对道路的占用空间是不可重叠的，因此只需掌握特定道路上足够密度的 GPS 点信息，就能够实时地重现该道路的占用情况。由此可见，绘制相关地图的关键是获取海量 GPS 点信息。

以高德地图为例，数据来源主要是公众数据和行业浮动数据。用户回传的数据为公共数据，占数据总量的 54%。全国用户每日共计发出 60 亿次定位请求，产生的回传数据增量为 TB 量级。行业浮动数据则是通过与出租车、物流与长途客车等的行业合作，以置换和购买的方式获得相关行业车辆的 GPS 数据。通过实时数据处理系统对大量的分布式消息进行挖掘与加工，计算出每条道路的实时行驶速度，再结合道路等级，呈现出道路不同路段处的实时拥堵状态。

绘制实时路况地图使导航服务厂家能够基于实时拥堵状况优化导航路线，避开拥堵路段，为用户节省行驶时间。同时，将实时变化的路况信息作为研究对象，通过分析一定时段、地点的实时路况信息变化趋势，发布道路交通数据报告。

2. 大数据与反恐

从 20 世纪后半叶开始，恐怖主义活动便成为威胁人类公共安全的主要危害之一。各国通过长期的反恐实践与思考，对恐怖活动的定义达成了共识，即"致使平民或武装冲突情况下未积极参与军事行动的任何其他人员死亡或对其造成重大人身伤害、对物质目标造成重大损失的任何行为，以及组织、策划、共谋、教唆上述活动的行为"。可见，恐怖活动最主要的特征是其对公众所成普遍恐慌和不安。

反恐工作的先决条件是拥有大量的数据，数据的来源直接影响到情报分析的其他步骤。通常反恐情报数据主要由人工情报数据和开源情报数据组成。人工情报数据相对准确，但获取数据的风险较大、成本较高；而开源情报数据的获取比较容易，但技术要求相对较高。在互联网时代，恐怖分子在网上的一切活动都会留下痕迹，各大、中型城市的监控网络会捕捉到这些数据，为反恐情报的收集与处理提供了广泛的数据来源，为反恐情报分析提供了大量的数据支持。另外，新时期的国家反恐工作需要基于人工智能、机器学习、模式识别等基本理论，借助强大的数据挖掘能力，引入神经网络、决策树算法等，从海量数据源中挖掘人物与事件之间的因果关系，进而预测相关实体的行为结果。因此，从战略运用角度看，大数据反恐是数据获取、数据挖掘理论研究与反恐实践研究的有效延伸；从战术运用角度看，大数据在海量数据获取、存储、处理等方面的技术突破，能够满足反恐工作对多样、海量、快速数据的获取、存储、处理与分析要求。

首先，大数据与国家反恐需求紧密融合，二者相辅相成、互相促进。反恐部门可以充分挖掘和利用大数据的巨大潜力，将大数据这种符合时代背景的大战略、大思维运用到预测/监测恐怖组织活动、数据可视化分析等具体工作中，包括获取开源情报数据与人工情报数据、数据预处理、数据挖掘、形成知识情报和可视化网络，进而对恐怖活动进行动态预测和监控，最后清晰把握恐怖组织的各种动向并形成预警报告。反恐大数据应用框架如图 7.13 所示。

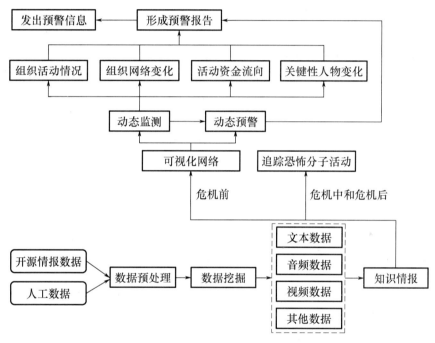

图 7.13 反恐大数据应用框架

其次，监控恐怖组织的资金账户和恐怖分子的交流信息。恐怖组织在策划恐怖事件过程中，必须拥有一定资金才能购买武器、招募新成员、传输信息。在此过程中，恐怖组织的所有交易数据和活动数据都会在网络上留下痕迹，因此对可疑恐怖组织或恐怖分子的资金账户进行监测显得尤为重要。根据其资金账户的异常变动，反恐部门可以对非法交易活动进行监测，也可以联合其他部门冻结其账户。恐怖组织策划恐怖事件时必然会通过电话、网络等方式进行信息交流，加强对恐怖分子交流信息的监测，也将为反恐部门提供有力的数据与情报支持。

最后，对恐怖组织活动数据进行可视化分析，反映恐怖组织网络变动。对恐怖组织数据进行可视化分析，是解释与发现恐怖组织网络结构特点或变动规律的一种技术手段。通过对分析结果的可视化分析，能够以更直观的方式反映恐怖组织网络的变动情况，也易被反恐情报人员理解和接受。例如，"9·11事件"后，某情报公司根据开源情报，收

集了所有参与事件的恐怖分子信息，绘制了该事件的可视化网络图，向美国反恐部门清晰展示了这些恐怖分子参与事件的整个过程及其网络的聚集过程，为深入了解"基地"组织提供了重要参考。

充分把握和运用大数据的海量、快速、多样的特征，能够简化反恐工作流程，提高敏捷度和智能化水平，这些工作的价值将获得几何倍数级的提升。

3. 大数据与天气预测

气象工作领域中许多观测数据的价值没有得以体现。虽然气象站里堆积了 PB 级的气象观测历史资料，但由于人们更关注未来天气的发展，因此这些历史资料在天气预报领域鲜有人问津，然而这些数据都是亟待开发的宝藏。

以美国的一家大数据公司 EarthRisk 为例，他们主攻的领域是向农业从事者及保险公司提供早期的极端天气预测，通过融合大数据和天气预测，他们研发出一款名为 TempRisk 的产品，能够通过对 60 年内历史天气数据的分析处理和超过 820 亿次的计算，较准确地预测未来 40 天内的极端温度情况。

TempRisk 的统计预测过程是建立一系列预测因子。与数值预测方法一致，TempRisk 模型采用以往天气模式中可理解的指标，用算法转化为气温异常情况的概率密度函数。从北半球数据源中提取包括能风度、位势高度、温度、海平面气压及地表温度等天气指数。采用主成分分析法，从数据源中提取预测因子和特定的天气模式，而这些天气模式能够解释天气模式变异中的主要变化。在 TempRisk 统计预测模型中，关键的算法层是在几个统计预测方法的基础上发展起来的，其中包括线性回归模型、混合密度网络和人工神经网络三个经典模型。线性回归模型体现了天气模型和温度异常结果的线性相关关系，后两个模型则体现了两者的非线性关系。

这些海量的气象数据属于专业感知领域，所含信息量丰富且只包含与气象有关的信息，但这并不意味着其价值已被挖掘殆尽，气象数据"外部关联价值"的挖掘应当出现在其他专业领域数据的综合分析过程中。

【阅读案例 7-7】

大数据在火灾风险预测中的应用

火眼是苏州消防依托大数据及人工智能技术开发的火灾风险预测系统。在苏州市防火监督力量极为有限的情况下，火眼系统不需要增加人力投入，即可精确预测火灾风险，大大提高了火灾防控工作的精准度，实现了"数据强消，预知预警"。根据系统实际运行数据统计，对苏州 9.6 万座建筑进行大数据分析后，火眼系统提前预测风险最高的 5% 建筑，占实际发生火灾数的 42%；而火眼预测风险最低的 30% 建筑，仅占实际发生火灾数的 3%，预测精准度较高。

1. 以亿量级的数据云为依托

火眼系统预测的前提是具有完备和可靠的数据资源。在重点整合既有消防数据、做实做细火灾数据的同时，苏州消防主动与公安、安监、交通、工商、住建等部门对接。目前，苏州市消防安全委员会已与 26 个部门建立消防大数据联席会议制度，为汇集数据打通路径,建立了与消防安全管理有关的数据库,形成全市统一的"消防数据云"。

通过对社区警务、火警火灾二合一系统、工商数据库、安监数据库及交通数据库等平台的数据采集,"消防数据云"整合到的与消防相关的数据资源已达5亿条,形成了企事业单位、建筑、火灾、隐患、危险源五大基础业务库。

数据的采集涵盖面广,也有精细化要求。一家单位的基础数据包含单位信息、建筑信息、历史火灾信息、历史检查隐患记录及其他相关数据五大方面,而仅建筑信息一项就可以细分为建筑类型、建筑年龄、层高、建筑面积、耐火等级、入驻单位数量、最多可容纳人数等。

数据又有静态和动态之分,火眼系统所依托的大数据平台,其后台数据会随着实际变化实时更新。例如,建筑数据可以归入静态数据,但日常设施检查、联网检测、生产流程数据等就属于动态数据。目前苏州危险化学品和易燃易爆品的存储仓库、储运码头,均已实现数据的实时推送、实时展示。全市近6000辆危险化学品车辆及在苏州境内运行的危险化学品车辆也均能实时定位,对其装载危险化学品的种类、数量及驾驶人的信息也能实时掌握。

2. 精准防控帮助降低火情

正是借助海量的数据资源,火眼系统才能进行机器学习,生成火灾风险预测模型,对所有建筑进行动态及量化的火灾风险排序,找出高危单位,预测火灾风险。

借助火眼系统,苏州消防的日常防火监督模式已发生改变。传统的安全管理按照重点单位的界定标准,将社会单位分为一级重点单位、二级重点单位、三级重点单位及一般单位。但火眼基于更多因素的大数据预测,着眼于火灾风险的动态化管理。通过火眼系统的精准预测,日常消防安全管理有了更可靠的科学引导,在不增加人力投入的情况下,日常消防安全检查工作的效率得以大幅提高。一组数据显示,针对苏州的9.6万座建筑(包含7800家消防重点单位和8.8万家规模较大的单位),火眼预测火灾风险最高的5%建筑实际发生了42%的火灾,火眼预测火灾风险最低的30%建筑实际仅发生了3%的火灾。与传统的随机监督抽查模式相比,火眼指导下的防火检查可提升8倍精准度。

在精准的火灾风险预测指导下,火灾发生率显著下降。据统计,2017年第一季度火灾同比减少24起,下降24%;第二季度单位火灾同比减少46起,下降39%。应用大数据预测针对性检查,在警力无增长的情况下,隐患发现量大幅上升,火灾数显著下降。

3. 多方合力,齐抓共管

通过与消防业务系统结合,火眼系统生成的火灾高风险预警指令可以同步推送给消防、派出所和相关单位,以及各有关部门和县(市)、乡(镇)、街道(社区),除了能提高监督管理的针对性,还能督促高危单位增加检查频次、开展隐患自查和整改。

"火眼2.0系统"的动态仪表盘与消防监督管理系统、派出所警务工作平台及社会单位微消防服务平台关联,接入每日防火执法工作数据、单位自查数据等,包括全市的每日检查单位数、单位自查数、发现隐患数、隐患整改数、重大隐患发现数、重大隐患整改数等。通过动态仪表盘,消防工作人员可对每日及各时间段的消防检查工作进行分析,挖掘不同时期、不同区域的火灾隐患分布特点,从而更科学地安排防火监督检查工作,

将更多的火灾隐患消灭在"萌芽"状态。

（资料来源：http://www.szdushi.com.cn/news/201711/151175351149961.shtml，2017-11-27．）

7.4.4 大数据与教育行业

传统的教育兴盛于工业化时代，学校的模式映射出工业化集中物流的经济批量模式：铃声、班级、标准化的课堂、统一的教材、按照时间编排的流水线场景。而在大数据时代，教育将呈现别样的特征：弹性学制、个性化辅导、社区和家庭学习、个体的成功。2014年，我国教育产业IT投资总规模达到571.9亿元，推动了教育大数据的新一轮发展高潮。

国内对教育大数据的研究与应用也进入了快速发展的轨道。一些教育工作者、教育机构逐步摸索、尝试，涌现出越来越多的基于大数据的应用，推动了教育的进一步变革。移动互联网时代，知识的获取变为以学生为中心。开放的碎片化学习成为教育发展的必然趋势。未来的学习将是以学生需求为中心、动态的教与学的模式，每个人都能发挥自己最大的学习潜能。随着网络走进千家万户，在线教育凭借其获取知识的便捷性、实时性等优势，成为传统教育的有力补充。

慕课，即大型开放式网络课程（Massive Open Online Courses，MOOC），自兴起以来发展迅速，对传统教育产生了强烈的冲击。国内互联网企业争相涉足该领域，试图将各机构的教育资源汇集起来，构建一个全新的教育生态圈。慕课教育也成为在线教育冲出"红海"的突破口。

慕课将网络教育和大数据思维融合到一起，满足名校、名师、精品和免费课程的需要。慕课平台为学生开拓了新的知识获取渠道，帮助学生获得充足的教育资源。通过记录鼠标单击情况，慕课平台可以研究学生的学习轨迹，发现不同的学生对不同知识点的反应，包括学习停留时间、某项内容的学习速度、正确率等，找到最有效的陈述方式和学习工具。通过向全世界开放，让更多的学生在平台上学习，可以收集更多的数据，研究各个学生的行为模式，打造更好的在线教育平台。

慕课打破了时空界限，让学生随时随都可以学习。总体来看，其主要价值体现在以下三方面。

1. 提供个性化学习方案

互联网技术的发展为人们提供了在家学习、接受继续教育的可能性。在大数据的环境支持下，通过对慕课教育学生选课偏好、上课时间、下课时间、每天学习次数、课程停留时间及作业完成情况等网络日志数据的分析，了解学生在作业练习、日常检测过程中对不同知识点的掌握情况、思考时间和应用层次等，并从知识难点讲解、推荐拓展知识、线下辅导答疑等方面给予学生个性化的指导，促使学生改进学习方法。

2. 提供全面的学习支持

"大数据+慕课"教育平台在免费提供课程资源的基础上，更突出学习路径导航，为学生学习的全过程提供支持。通过大数据技术对课程进行追踪管理，课程目标、学习主题、学习时间、作业安排等都形成规范的流程，为学生提供全面的课程学习支持。授课教师根据数据分析的结果发布教学资源，组织教学活动，最后通过系统评判或同伴互评的方式反馈结果。系统运用大数据对教学反馈进行计算，区分学生的学习目标、动机、背景、状态等有价值的信息。授课教师既可以根据反馈结果对共性问题给予统一指导，也可以就个别问题给予个性化反馈。在轻松的学习氛围和先进的学习工具支持下，学生将获取知识的学习欲望转化为主动汲取知识的学习行为，自发组织学习圈，与其他学生共同交流互动，获得完整良好的学习体检。

3. 丰富优化课程资源

运用大数据计算结果还可以进行课程营销分析。通过对在线学生的学习过程、学习方式等进行计算，得出每门课程的点击率、学习停留时间、空置率等数据。慕课运营商和课程供应商从用户需求出发，设计出更完备的课程教学体系，从而改善课程设置、丰富课程资源。同时，"大数据+慕课"教育平台还可以提供客户统计查询服务和教育用户管理，即对学生学习数据进行关联分析，并提出相应的指导建议，而这些又反过来影响着学生的课程选择和学习行为。

在线教育以其便捷性、经济性和灵活性吸引了越来越多的网络用户参与，它以巨大的市场前景吸引投资者加入其中，在线教育市场蓬勃发展，竞争也越发激烈。在大数据时代，随着社交网络的逐渐成熟，移动带宽迅速增大，云计算、物联网应用更加丰富。大数据给教育领域带来的重大变革，不仅改变了具体的教育方式，也重塑了人们的教育理念。

知识拓展

大数据助力智能制造

党的二十大报告中提到了"制造强国"。实现制造强国的前提之一是构建智能工厂，其核心要素包括了信息物理系统（CPS），物联网（IOT），智能认知，社交媒体，云计算与移动，以及M2M。智能工厂构成了工业4.0的一个关键特征。智能工厂将从现在通过中央控制的模式转向通过自行优化和控制其制造流程的模式。企业实施智能制造的过程中，大数据技术起到了重要的作用。

1. 数据的处理方法比数据本身更重要

无论是为促销产品还是作为战略目标的方式，大数据已然成为很多公司和机构过度使用的术语。2012年高德纳（Gartner）给出的大数据定义，特别强调大数据是多样化信息资产，不仅关注实际数据，而且关注大数据处理方法。数据量大还是量小本身并不是判断大数据价值的核心指标，而数据的实时性（velocity）和多元性（variety）对大数据的价值更具直接的影响。

2. 大数据包含人类和机器数据多结构化数据

大多数人会认为大数据包含了非结构化数据与结构化数据，实际上大数据是"多结构化数据"的，无论是自由文本还是关系数据库等，大数据可以由人类产生的数据足迹与机器自动生产的数据两个方面形成。大数据的工具和技术能够为不同的结构化数据服务。在信息化与工业化融合的过程与商业活动中，智能制造需要加强机器数据的采集和分析，并且把此项工作作为智能制造的核心工作之一。

3. 工业大数据的机器数据让业务更加透明

在现代工业供应链中,随着大数据应用的普及,人们可以感受到从采购、生产、物流到销售市场都是大数据的战场。大数据可以帮助企业实现客户的分析和挖掘,它的应用场景包括了交易、服务、后台服务等。工业大数据的来源包括了手机、传感器、穿戴设备、3D打印机、平板电脑等。传感器数据属于工业大数据类别之一,从这些机器数据中,企业可以保障生产,满足法律法规要求,提升环保效益,改善客户服务。工业大数据可以找到已经发生的问题,并协助预测相类似问题未来重复发生的几率与时间。

小　结

本章介绍了大数据在金融、互联网、生物医学、汽车、物流等领域的应用,从中可以了解到大数据对人们日常生活的影响和重要价值。当前大数据已经触及社会的每个角落,并为人们带来各种欣喜的变化。金融大数据使客户能够被精准细分和定位,真正实现以客户为中心;"互联网+"与大数据的紧密结合促进了电子商务企业的蓬勃发展;医疗大数据能够使非个人和公共卫生管理部门更及时、更高效、低成本地获取医疗健康信息和知识,调配公共医疗资源,预警疾病风险因素等。拥抱大数据,合理且有效地利用大数据,是个人、企业、政府部门的必然选择。

 关键术语

(1)推荐系统　　　　(2)大数据营销　　　　(3)智慧物流
(4)车联网　　　　　(5)自动驾驶技术

习　题

1. 选择题

(1)以下(　　)不是大数据技术在金融行业客户管理中的应用。

　A. 客户洞察　　　　　　　　　　B. 预防金融犯罪

　C. 产品购买响应预测　　　　　　D. 客户潜力指数分析

(2)下列(　　)不是智慧医疗的优点。

　A. 转诊时应做重复检查

　B. 促进优质医疗资源的共享

　C. 对病患的生命体征、治疗、化疗等信息进行实时监测

　D. 实现对疾病早发现、早诊断、早治疗

(3)在进行大数据营销时,不能用于划分用户的信息是(　　)。

　A. 性别　　　　B. 地理位置　　　　C. 健康状况　　　　D. 通话记录

(4)基于大数据技术的智慧物流设计过程不包括(　　)。

　A. 数据的传输与共享　　　　　　B. 对物流企业的监管

　C. 数据的收集与分析处理　　　　D. 物流信息实时跟踪管理

(5)车联网大数据可提供面向公安、城建、环保等领域的34种功能,不包括(　　)。

A. 计入个人信用记录   B. 解决停车难问题

C. 控制交通拥堵   D. 监控汽车尾气污染

(6)网民的消费行为和购买方式极易在短时间内发生变化,在网民需求点达到最高时进行营销非常重要,这是大数据营销的( )特点。

A. 个性化   B. 性价比高   C. 强调时效性   D. 关联性

2. 判断题

(1)一个完整的推荐系统通常包括三个组成模块:用户建模模块、推荐对象建模模块和推荐算法模块。   ( )

(2)大数据营销的特点包括单一平台数据采集、强调时效性、个性化和关联性。   ( )

(3)大数据在零售行业的应用主要集中在发现关联购买行为、客户群体划分和整合产业链资源。   ( )

(4)智慧物流融合了大数据、物联网和云计算等信息技术,使物流系统能够实现物流资源的优化调度和有效配置及物流系统效率的提升。   ( )

(5)不同平台数据异构的问题不是实现智慧物流的首要问题。   ( )

(6)气象数据属于专业感知领域,其自身价值已被挖掘殆尽。   ( )

3. 简答题

(1)简述大数据技术在金融行业的应用。

(2)外部风险预警系统可分为哪几个层级?

(3)简述大数据营销的一般过程。

(4)简述自动驾驶技术的原理。

(5)大数据在车联网中的应用包含哪几个方面?

(6)简述绘制实时路况信息地图的关键步骤。

【第7章 习题答案】

第8章
大数据隐私与安全

 本章教学要点

知 识 要 点	掌 握 程 度	相 关 知 识
大数据隐私与安全的定义	熟悉	大数据隐私、数据安全
数据安全的基本特点	熟悉	保密性、完整性和可用性
影响大数据隐私与安全的主要因素	了解	数据信息存储介质、恶意威胁
大数据隐私与安全问题的分类	熟悉	基础设施安全问题、大数据存储安全问题、针对大数据的高级持续性攻击、网络安全问题、其他安全问题
大数据隐私与安全的防护策略	掌握	存储安全策略、应用安全策略、管理安全策略
大数据隐私与安全的防护技术	掌握	数据采集与存储安全技术、数据挖掘安全技术、数据发布安全技术、防范 APT 技术
APT 技术	熟悉	APT 的特征及过程

随着智慧城市、智能家居、在线社交网络等数字化技术的发展，人们的衣食住行、健康医疗等信息被数字化，可以随时随地通过海量的传感器、智能处理设备等终端进行收集和使用。大数据在带来各种便利的同时，不可避免地泄露了人们的隐私。本章主要内容包括大数据面临的隐私与安全问题、大数据隐私与安全的防护策略和大数据隐私与安全的防护技术。

8.1　大数据面临的隐私与安全问题

数据具有普遍性、共享性、增值性、可处理性和多效用性等特点，因此，数据资源具有特别重要的意义与价值，大数据更是如此。维护大数据的隐私与安全就是保护信息系统或网络中的数据资源免受各种类型的威胁、干扰和破坏，对大数据隐私安全问题的研究意义重大。

8.1.1 大数据隐私与安全的定义

1. 大数据中的隐私

大数据隐私是指可确认特定个人(或团体)身份或特征,但个人(或团体)不愿被暴露的敏感信息,同时包括用户的敏感数据,如个人的患病数据、个人的位置轨迹信息、公司的财务信息等。与用户有关的个人信息可分为三类:个人身份信息、隐私敏感信息和其他信息。隐私攻击者使用搜索引擎寻找并收集网络上有关某用户的个人信息,直到获得该用户的身份信息和隐私敏感信息,这种基于搜索引擎的隐私挖掘攻击的核心过程如图8.1所示。

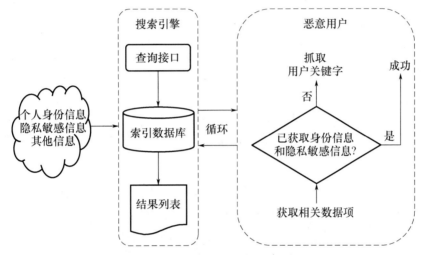

图8.1 基于搜索引擎的隐私挖掘攻击的核心过程

大数据中的隐私泄露主要有以下三种表现形式。

(1)在数据的存储过程中对用户隐私权造成的侵犯。用户无法知道个人数据的准确存放位置,非授权用户对个人数据的采集、存储、使用和分享无法被有效控制。

(2)在数据传输过程中对用户隐私造成的侵犯。大数据环境下数据传输更多元化,传统物理区域隔离的方法无法有效保证远距离传输的安全性,电磁泄漏和窃听是更突出的安全隐患。

(3)在数据处理过程中对用户隐私权造成的侵犯。大数据环境下基础设施的脆弱性和加密措施的失效可能产生新的安全风险。大规模的数据处理需要完备的访问控制和身份认证管理,以避免未经授权的数据访问,但资源动态共享模式无疑增加了管理的难度,账户劫持、攻击、身份伪装、认证失败、认证失效、密钥丢失都可能威胁用户的数据安全。

2. 大数据中的数据安全

数据安全包括数据本身的安全和数据防护安全。数据本身的安全是指采用密码算法对数据进行主动保护,如数据保密、数据完整性、双向强身份认证等;而数据防护安全主要采用现代信息存储手段对数据进行主动防护,如磁盘阵列、数据备份等。

数据安全具有保密性、完整性和可用性三个基本特点。

(1)保密性。保密性又称为机密性，是指个人或团体的信息不被其他不应获得者获取。许多软件(如邮件、网络浏览器等)有与保密性相关的设定，以维护用户信息的保密性。此外，黑客也可能导致保密性出现问题。

(2)完整性。完整性是指在传输、存储数据的过程中，确保数据不被无授权者篡改，或在篡改后能够被迅速发现。在信息安全领域，完整性与保密性的边界常常被混淆。黑客或恶意用户在没有获得密钥破解密文的情况下，可以通过对密文进行先行计算来改变数值信息。

(3)可用性。可用性是保证信息确实能为授权使用者所用，即保证合法用户在需要时可以使用所需信息。有违数据的可用性就是违反有关数据安全的规定。

8.1.2 影响大数据隐私与安全的主要因素

【大数据时代：
谁对你的隐私负责】

相比于传统数据的安全保护，大数据的安全保护更复杂。一方面，大数据中包含大量的企业运营数据、客户信息、个人隐私等各种行为的细节记录，增加了数据泄露的风险，使大数据面临更多威胁；另一方面，大数据对信息的保密性、完整性和可用性带来了更多的挑战，传统的安全工具已不再有效。影响大数据隐私与安全的主要因素如图8.2所示。

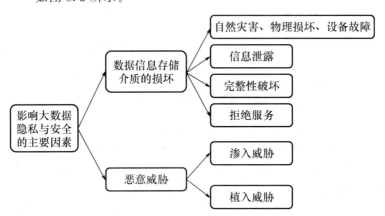

图8.2 影响大数据隐私与安全的主要因素

1. 数据信息存储介质的损坏

在物理介质层次上对存储和传输的信息进行安全保护是数据安全的基本保障，物理安全隐患大致包括以下四个方面。

(1)自然灾害(如地震、火灾、洪水等)，物理损坏(如硬盘损坏、设备使用权到期等)和设备故障(如停电、断电、电磁干扰等)。

(2)信息泄露。主要是指大数据中的部分或全部信息被透露给未被授权的用户、软件或实体，尤其是大数据中的一些隐私信息或关键信息。

(3)完整性破坏。由于非授权的增加、删除和修改等操作，大数据中的部分信息丢失，完整性遭到破坏。

（4）拒绝服务。是指用户对大数据中一些资源的合理访问被无条件拒绝。主要包括两种情况：一是攻击者制造一系列非法的访问，致使系统产生过量负荷，导致系统资源在合法用户看来无法使用；二是因为大数据处理系统在物理上或逻辑上遭到破坏，致使用户的合理请求被拒绝。

2. 恶意威胁

恶意威胁是大数据安全所面临的最大威胁，会对大数据造成极大危害，造成机密数据泄露等无法挽回的后果。恶意攻击主要分为渗入威胁和植入威胁。

（1）渗入威胁。包括假冒、旁路控制和授权侵犯三类。假冒是黑客常用的攻击方法，是指系统中的某个实体假装成另一个不同的实体，以获取系统的权限和特权；旁路控制是攻击者寻找系统自身的缺陷和漏洞，绕过系统的安全防线对大数据实施攻击的恶意行为；授权侵犯又称内部攻击，是授权用户将其权限用于其他非授权的目的。

（2）植入威胁。可分为木马病毒和陷阱两类。木马病毒主要是指软件中含有用户觉察不出的程序段，当该程序段被执行时，用户数据的安全性会遭到破坏；而陷阱主要是指一些用户或程序在大数据管理系统的某个或多个部件中设置"机关"，当大数据系统接收到特定的输入信息时，允许实施正常的安全策略。例如，当一个用户登录大数据管理的子系统时，若系统设有陷阱，攻击者输入一个特定的用户身份时，就可以绕过正常的口令监测或身份认证而直接侵入系统内部。

8.1.3　大数据隐私与安全问题的分类

大数据隐私与安全问题可大致分为基础设施安全问题、大数据存储安全问题、针对大数据的高级持续性攻击（Advanced Persistent Threat，APT）、网络安全问题和其他安全问题。

1. 基础设施安全问题

大数据的基础设施包括存储设备、运算设备、一体机和其他基础软件，为了支持大数据的应用，需要创建支持大数据环境的基础设施。例如，需要高速的网络来收集各种数据源，需要大规模的存储设备存储海量数据，还需要各种服务器和计算设备对数据进行分析和应用，并且这些基础设施具有虚拟化的分布式性质等特点。这些基础设施为用户带来各种大数据新应用的同时会受到安全问题的困扰，如非授权访问、拒绝服务攻击、网络病毒传播等。

2. 大数据存储安全问题

大数据的规模通常可达到 PB 级，结构化数据和非结构化数据混杂其中，数据的来源多种多样，传统的结构化存储系统已经无法满足大数据应用的需要，因此需要采用面向大数据处理的存储系统结构。大数据存储系统要有强大的扩展能力，可以通过增加磁盘存储来增大容量，所以大数据存储系统的扩展要操作简便快速，甚至不需要停机。在传统的数据安全中，数据存储是非法入侵的最后环节，目前已形成完善的安全防护体系。大数据对存储的需求主要体现在海量数据处理、大规模集群管理、低延迟读写速度和较

低的建设及运营成本方面。在数据应用的生命周期中，数据停留在此阶段的时间最长，因此也成为保障数据安全的一个关键环节。

3. 针对大数据的高级持续性攻击

美国国家标准与技术研究院给出了高级持续性攻击的详细定义："精通复杂技术的攻击者利用多种攻击向量（如网络、物理和欺诈），借助丰富资源创建机会，实现自己的目的。"这些目的通常包括对目标企业的信息技术架构进行篡改而盗取数据（如将数据从内网输送到外网），执行或组织一项任务、程序；又或者嵌入对方架构中伺机偷取数据。APT 的威胁主要包括以下三方面。

（1）长时间重复这种操作。

（2）适应防御者以产生抵抗能力。

（3）维持在所需的互动水平以执行偷取信息的操作。

简而言之，APT 就是长时间窃取数据。作为一种有目标、有组织的攻击方式，APT 在流程上与普通攻击行为并无明显区别，但在具体攻击步骤上表现出攻击行为特征难以提取、单点隐蔽能力强、供给渠道多样化和供给持续时间长的特点，使 APT 具备更强的破坏性。

4. 网络安全问题

网络面临的安全风险可分为广度风险和深度风险。广度风险是指安全问题随网络节点数量的增加呈指数上升；深度风险是指传统攻击依然存在且手段越发多样，高级持续性攻击逐渐增多且造成的损失不断增加，攻击者的工具和手段呈现平台化、集成化和自动化的特点，具有更强的隐蔽性、更长的攻击与潜伏时间、更明确和特定的攻击目标。

现有的安全机制在大数据环境下的网络安全防护方面并不完善。一方面，大数据时代的信息爆炸，导致来自网络的非法入侵次数急剧增加，网络防御形势十分严峻；另一方面，由于攻击技术不断成熟，网络攻击手段越来越难以辨识，给现有的数据防护机制带来了巨大的压力。因此，在大型网络的网络安全层面，除了访问控制、入侵检测、身份识别等基础防御手段，还需要管理人员能够及时感知网络中的议程时间，从成千上万的安全时间和日志中找到最有价值、最需要处理和解决的安全问题，从而保障网络的安全状态。

5. 其他安全问题

除了在基础设施、存储、网络、APT 等方面面临安全问题外，大数据隐私与安全问题还包括网络化社会的易攻击风险、大数据滥用风险和大数据误用风险。

（1）网络化社会的易攻击风险。以论坛、博客、微博、微信为代表的新媒体形式促成了网络化社会的形成，网络化社会中的大数据蕴含着人与人之间的关系，可使黑客攻击一次就能获得更多数据，无形中降低了黑客的进攻成本、增加了攻击收益。近年来在互联网上发生用户账号的信息失窃等连锁反应可以看出，大数据更容易吸引黑客，而且一旦遭受攻击，造成的损失巨大。

（2）大数据滥用风险。一方面，大数据本身的安全防护存在漏洞，对大数据的安全控制力度仍然不够，访问权限控制及密钥生成、存储和管理方面的不足都可能造成数据泄露；另一方面，攻击者也在利用大数据技术进行攻击。

（3）大数据误用风险。大数据的准确性和数据质量会影响使用大数据作出的决定。例如，从社交媒体获取个人信息的准确性、个人的基本资料等通常都是未经验证的，分析结果的可信度不高。另外是数据的质量问题，从公众渠道收集到的信息可能与需求的相关度较低。这些数据的价值密度较低，对其进行分析和使用可能产生无效的结果，从而导致错误的决策。

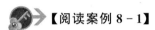【阅读案例 8-1】

医疗大数据的"开放"与"隐私"

2015年9月5日，国务院发布了《关于印发促进大数据发展行动纲要的通知》，强调在医疗卫生等领域优先推动政府数据向社会开放。在"互联网＋"时代，社会对医疗大数据的需求正快速增长。然而，医疗大数据目前"信息孤岛"的现象仍然普遍存在，此问题不解决将对民众医疗需求造成很大的阻碍。

以"云病理"为例，在慢性病持续高发的当下，肿瘤诊断离不开病理诊断，数字云病理平台的原理如图8.3所示，可在一定程度上缓解医生匮乏的现状。只是，"云端"呼唤"开放"与"隐私"尽快平衡。

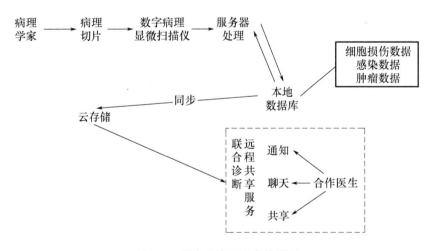

图 8.3　数字云病理平台的原理

1."云病理"尚在起步阶段

近10年来，我国癌症发病率呈上升趋势，在癌症的诊断中，病理扮演着"金标准"的角色。卓腾数字病理创始人叶志前接受中国经济导报记者采访时解释说："在肿瘤相关疾病中，临床医生的后续治疗要根据病理医生的诊断结果来制定。"但是，一个不容忽视的现状是，我国目前病理医生缺口高达10万名。

"'云病理'相较于传统病理,使得医疗资源的利用率提高、使用成本降低、服务质量得到提升。"叶志前如此描述。据叶志前介绍,"云病理"平台将光学显微镜下的病理切片图像转换成可以传送的数字图像,后通过无损压缩技术将数据上传至云端,远端的专家可在任何时间利用移动终端或工作站接入"云病理"平台。此平台不仅融入了数字化病理信息,还通过与区域医疗信息化系统的信息交换,整合了患者的病史信息和医学影像资料等,为远程病理诊断、多学科综合判断提供了便利而有效的工具,大大提高了工作效率和诊断的准确性,可以在一定程度上缓解病理医生匮乏的现状。

"'云病理'在我国还处于起步阶段,医疗大数据隐私的保护是一个不容忽视的问题。"叶志前坦言,首先这些数据的收集与使用必须保证途径合法,如患者对隐私的泄露比较担忧,数据的收集和使用就会变得困难。因此,"开放"与"隐私"如何平衡是医疗大数据面临的一大难题。另外,叶志前表示,各个"云病理"平台能否兼容对接、如何有效使用这些数据等问题,也对技术的创新和发展提出了新的要求。

2. 政府主导推进数据共享

"随着智慧城市的发展,智慧医疗也不断尝试着新的探索。"叶志前表示,伴随医院信息化建设的逐渐加强,医疗大数据将会越发有用武之地,医疗领域的"云"建设也将逐渐增多,"每个病人都是不同的,为了能够作出有意义的预测,需拥有大量数据,通过分析这些数据,患者可快速得到医生反馈,医生也可对病人制定'私人订制式'治疗方案,可以利用收集的数据提高诊断的准确率。"此外,可提高医院的工作效率、辅助医生临床诊断、监管医疗质量、辅助科研等。据了解,医疗大数据虽已发展多年,但如今各个医院大量信息处于"沉睡"状态。医疗大数据虽有种种好处,但"数据孤岛"的现象仍未得到明显改善。

"我认为一个重要原因是,很多医疗数据因隐私、安全、交流闭塞等,患者病史、病例、手术成本和效果的大量信息仍封闭在保险公司的计算机里,或是在医院和医生的医疗记录里。这对医疗大数据的发展极其不利,因为没有数据相当于'巧妇难为无米之炊'。"叶志前感慨。因此,他建议,应由政府主导,继续推进和加强医疗数据的共享。

（资料来源：http://www.ceh.com.cn/shpd/2015/09/869541.shtml，2015-09-12.）

8.2 大数据隐私与安全的防护策略

大数据为数据安全的发展提供了新机遇,为安全分析提供了新的可能性,对海量数据的分析有助于更好地跟踪网络异常行为;对实时安全数据与应用数据结合在一起的数据进行预防性分析,可防止诈骗和黑客入侵。网络攻击行为总会留下蛛丝马迹,这些痕迹都以数据的形式隐藏在大数据中,从大数据的存储、应用和管理等方面层层把关,可以有针对性地应对数据安全威胁。大数据隐私与安全的防护策略大致分为三

【大数据时代
隐私攻防战】

类,如图8.4所示。

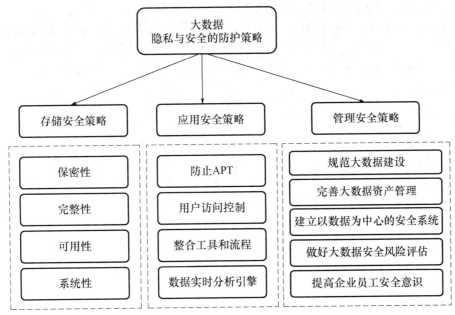

图 8.4　大数据隐私与安全的防护策略

8.2.1　存储安全策略

基于云计算架构的大数据，数据的存储和操作都以服务的形式提供。目前，大数据的安全存储采用虚拟化海量存储技术来存储数据资源，涉及数据传输、隔离、恢复等问题。经过十几年的不断探索，研究人员已经在储存结构领域取得了进步，储存系统在体系结构层面发生了巨大的改变。

【大数据时代安全可靠的存储】

1. 大数据存储系统的安全性

存储系统早已不是外部辅助系统了，现在信息技术已经进入了一个大数据安全的新时代，即"存储时代"。随着网络环境日益完善，大数据存储必将成为未来的焦点，范围将覆盖全球。网络存储完全有可能成为席卷世界的第三次浪潮，成为继计算机和互联网之后的又一革命性创举。

随着互联网的无限制扩展，数据信息呈现爆炸式增长，同时用户数据的安全性也面临巨大的挑战，主要原因在于网络地理位置的分散性和结构的可扩展性。在面对网络上的恶意攻击时，互联网大数据存储系统需要满足以下四个基本特征。

(1)保密性。数据内容都存在一定的机密性，必须保护其内容不被其他用户轻易攫取，所以必须对数据进行加密处理。内容的机密性越高，加密形式就越重要。但是，随着存储设备和存储系统逐渐趋于网络化，加密需要实现网络共享。虽然网络安全与密码学领域已经有不少新的研究成果，但是直接应用于数据加密的成果却很少。

(2)完整性。数据内容在加/解密之后必须保证其表达信息准确无误，不能被其他用户篡改、损坏、销毁。目前的主流方法是数字签名和消息验证。

(3)可用性。授权用户必须可以对数据信息随时访问、修改和销毁，绝不可出现能被

任何人随意使用和无法访问自身数据的情况。

（4）系统性。既可以高效地存储和调用数据，又可以保障数据的安全是大数据发展一直追求的两个目标，但是这两个目标却存在一定的互斥性。安全措施的运行肯定会占用系统空间，影响数据的使用效率。简单来说，系统的整体设计工作就是维持"性能"和"安全"平衡。

2. 云环境下的大数据存储安全

传统的数据处理模式是在本地集中存储与运算大量应用数据，在此模式下进行工作，要保证操作的必要硬件条件，在硬件条件完备之后还需要专业的维护人员定期对设备进行维护和检修。高额的设备投入和烦琐的维护过程必然会限制这种模式的发展，所以必须开创一种新的发展模式以适应发展的需要。于是，以分布服务器为基础的大规模数据处理模式应运而生，也宣告"云"时代的正式到来。

云计算的理论研究领域日益成为新的科研焦点，其众多的周边应用也越来越受到业界的关注。由于云计算具有高效率、低成本、可调节、灵活部署等优点，云模式提供的服务已经被越来越多的客户接受，能够满足广大客户的要求。

从云计算的工作原理来看，云数据安全存在两大主要缺陷：一是云服务商对各个云端的各类用户数据具有直接获取权，而且现在社会上还未形成对云服务商的管理机制，云服务商也缺少自我约束和加密机制；二是享用云服务的用户数据存储在网络服务器上，如果不采取相应的安全措施，存储在云端的数据无异于"裸奔"，即使采取了简单的安全措施，从理论上来说，黑客只要攻破其中一个环节，就能窃取数据或者毁坏整个数据链。这样数据存储传输将面临泄露、篡改、复制、删除等一系列安全风险。随着越来越多的人接受和熟知"云计算"概念，数据的安全问题已成为亟待解决的大问题。新的安全研究方向是要从现存的安全威胁和安全请求中找到能在根本上提高"云"的防护等级的方法。

8.2.2　应用安全策略

随着大数据应用所需技术和工具的快速发展，大数据应用安全策略主要包括以下四方面。

1. 防止 APT

借助大数据处理技术，针对 APT 隐蔽能力强、长期潜伏、攻击路径和渠道不确定等特征，设计具备实时检测能力与事后回溯能力的全流量审计方案，提醒有病毒的应用程序。

2. 用户访问控制

大数据的跨平台传输应用在一定程度上会带来内在风险，可以根据大数据的密集程度和用户需求的不同，对大数据和用户设定不同的权限，并严格控制访问权限。而且，通过单点登录的统一身份认证与权限控制技术，对用户访问进行严格的控制，保证大数据应用安全。

3. 整合工具和流程

通过整合工具和流程，确保大数据应用安全处于大数据系统的顶端。在整合点平行于现有连接的同时，减少通过连接企业或业务线的工具输出到大数据安全仓库，以防止预处理的数据暴露及加工后的数据溢出。通过设计标准化的数据格式监督整合过程，也可以改善分析算法的持续验证。

4. 数据实时分析引擎

数据实时分析引擎融合云计算、机器学习、语义分析、统计学等多个领域，从大数据中第一时间挖掘出黑客攻击、非法操作、潜在威胁等各类安全事件，发出警告响应。

8.2.3 管理安全策略

目前我国应用大数据面临的最大风险问题就是数据安全管理问题。为了方便数据的分析与处理，需集中存储海量数据，安全管理不当将造成大数据丢失和损坏，进而引发毁灭性的灾难。随着网络技术的不断发展，窃取他人隐私已经不需要采用强制性或物理手段了，个人数据的安全性所面临的风险也远远高于以前。现在我国对大数据的保护能力非常有限，各类安全手段还不完善，数据被窃取的事件频繁出现且短期内难以改善。我国对数据安全保护的观念和意识有待加强，无论是个人数据还是商业数据，都没有一套完善的安全保护理论体系。基于网络的交互方式已经在我国广泛普及，已经在商务、社交、公共管理等多个领域得到了深入的发展和广泛的应用，这也是导致我国数据资源暴增的重要原因。然而数据安全防护的观念和能力还是一块短板，尤其是对个人终端设备的防护不当导致各类数据被随意暴露在网上。

通过技术保护大数据的安全虽然重要，但安全管理制度也很关键。从海量数据中提取有用信息，提高企业生产效率，就必须使用科学的大数据管理方法，避免各种安全隐患。具体来说，可以从以下五个方面进行安全管理。

(1) 规范大数据建设。规范化建设可以促进大数据管理过程的正规有序，实现各级各类信息系统的网络互联、数据集成、资源共享，在统一的安全规范框架下运行。

(2) 完善大数据资产管理。大数据资产管理要能够清楚地定义数据元素，包括数据格式、别名、统计表及其他特性标识符等；描述数据元素定义的信息来源及其相关数据元素的信息；记录使用信息，包括数据元素的产生及修改信息、安全及访问控制信息、访问历史记录。

(3) 建立以数据为中心的安全系统。为了确保数据中心系统的安全，防护系统主要通过防火墙、入侵检测系统、安全审计、抵抗拒绝服务攻击、网络防病毒系统来实现全面的安全防护。同时，通过使用加密、识别管理并结合其他主动安全管理技术，使数据贯穿于使用、迁移、停用的全过程。

(4) 做好大数据安全风险评估。不同类型的数据形式及数据的不同状态都有其不同的泄密风险层级。针对大数据的固有特点，可以将其分为不同的安全风险等级，从而加强安全防范，并在实际生产中明确安全风险治理目标，降低企业数据泄露风险，分析并消除信息安全盲点。

（5）提高企业员工安全意识。需要提升员工对大数据安全威胁的识别能力，了解正在使用的数据的价值，充分认识到自己在企业数据安全中的角色。企业也需要对员工进行安全培训，让员工对彼此在安全防护中的职责有所了解，并举行周期性的安全攻击演习以检验培训的成果。

【阅读案例 8 - 2】

区块链技术提升数据安全

区块链技术正在快速地从实验阶段迈向企业应用阶段。区块链技术融合了分布式架构、P2P 网络协议、加密算法、数据验证、共识算法、身份认证、智能合约等技术，利用基于时间顺序的区块形成链存储数据；利用共识机制实现各节点之间数据的一致性；利用密码学体制保证数据的存储和传输安全；利用自动化的脚本建立智能合约，从而实现交易的自动判断和处理，解决了中心化模式存在的安全性低、可靠性差、成本高等问题。除了上述优点外，区块链技术本身还具有优越的安全特性。

1. 区块链技术的安全特性

区块链解决了在不可靠网络上可靠地传输信息的难题，由于不依赖于中心节点的认证和管理，因此避免了中心节点被攻击造成的数据泄露和认证失败的风险。

以区块链技术在普惠金融服务中的应用为例，区块链工作原理如图 8.5 所示，假如需要在银行的核心系统中做一笔支付，则由中心化的系统受理交易，由中心化的系统进行记账。但是在有多个节点的区块链中，一笔交易有多个参与者，这种交易并不是由一个中心系统来记账，而是由多个节点共同完成记账。区块链上有多个节点，它会通过挖矿等算法去分布地选择哪些是交易节点、哪些是记账节点，而每一笔交易都是由所有节点共同确认的，所以不需要中心机构确认，只需分布的节点即可完成确认动作。在区块链下每个节点都有一本"存折"，每本"存折"中都会记录下每一笔交易，而且同一笔交易在不同的"存折"中保持一致。在交易发生时，每个节点将通过通信手段保证数据一致性，相当于大家共同维护一本超大"存折"。区块链中的每一笔交易都会打上签名，就好比存折中的每一笔交易一旦打印完成就无法篡改，是不可更新且公开透明的。

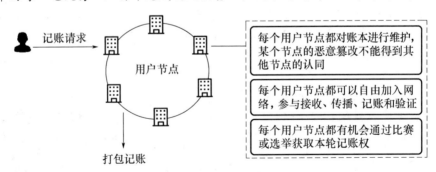

图 8.5　区块链工作原理

2. 区块链技术的应用

区块链技术凭借其去中心化结构而带来的安全特性，目前已被国外金融、医疗、互联网等领域的各大公司用来提升网络安全。具体来看，区块链技术可以在管理和保护用户认证数据、提高网络数据安全性、有效阻止分布式拒绝服务（Distributed Denial of Service，DDoS）攻击及增强物联网安全等领域发挥作用。

（1）管理和保护用户认证数据。美国麻省理工学院推出的虚拟货币 CertCoin 最先采用了基于区块链的公钥基础设施，摒弃传统中心认证方式，采用公共密钥实现分布式节点之间的互相认证，从而防止网络单点故障。乌克兰 Ukroboronprom 公司与网络安全公司合作，通过在区块链上管理用户认证相关数据，几乎完全避免了黑客使用虚假认证消息获取用户身份。

（2）提高网络数据安全性。全球规模最大的区块链公司 Guardtime 通过分布节点之间协商来提供区块链上数据的机密性和完整性，保证了爱沙尼亚 100 万份用户医疗数据的安全性。美国国防部高级研究计划局（Defense Advanced Research Projects Agency，DARPA）也开始采用该方式为军方敏感性数据提供安全保护。

（3）有效阻止 DDoS 攻击。区块链初创公司 Nebuils 目前正在开发基于区块链的分布式互联网域名系统，只允许授权用户管理域名，其他公司（如 Blockstack）也开始使用分布式 Web 技术，替代原有第三方管理 Web 服务器和数据库的模式，阻止网络 DDoS 攻击。

（4）增强物联网安全。通过智能合约模式，区块链一方面可以利用 P2P 网络中的网络设备节点对待接入设备进行鉴权；另一方面可以有效抵挡物联网 DDoS 攻击。在 2016 年爆发的 Mirai 僵尸网络 DDoS 攻击事件中，大规模的物联网设备被入侵，致使美国多半网络瘫痪。在区块链系统中，当某个节点被入侵时，其他设备会检测到该设备异常，并且将其列为异常和不信任节点，从而将其排除。

3. 区块链技术的应用风险

虽然区块链凭借其天然的技术特点而具有用户认证、数据保护、防 DDoS 攻击等安全优势，但现阶段区块链技术还不成熟，在实际应用时仍然存在诸多安全风险。

首先，区块数据的可靠性会随时间降低。早期生成的区块由于当时使用的算法过时或者密钥长度不够，此部分交易历史有可能会被篡改伪造。由于区块链采用关系型的数据结构，而且现有机制还没有删除历史交易数据的机制，将导致新产生的区块也不可以被信任。此外，所有交易记录不断累加也会造成节点超负荷，增加安全隐患。

其次，区块链的配套软件可能存在漏洞和隐患。由于区块链系统由代码维持，攻击者会通过系统中存在的漏洞恶意篡改或者盗取数据。在 2016 年的 The Dao 事件中，由于智能合约程序存在严重漏洞，该合约筹集的公众款项不断被一个函数递归调用而转向它的子合约，最终被窃取了价值超过 60 万美元的以太币。2017 年 7 月，黑客同样利用以太坊智能合约漏洞盗取了超过 3000 万美元的以太币。

最后，区块链可能会被犯罪分子利用。基于区块链本身的匿名和安全特性，不法分子可能会采用区块链技术进行违法网络交易，如进行暗网交易及进行洗钱犯罪活动等。目前，美国参议院已经通过了 7000 亿美元国防法案，其中就包含研究区块链技术潜在的安全风险及评估网络罪犯利用该技术可能造成的危害。

（资料来源：https://baijia.baidu.com/s? id=1578851712536031485&wfr=pc，2017-12-26.）

8.3　大数据隐私与安全的防护技术

数据的生命周期一般可以分成生成、变换、传输、存储、使用、归档和销毁七个阶段。根据大数据和应用需求的特点，对上述阶段进行合并与精简，可以将大数据应用过程划分为采集、存储、挖掘和发布四个环节。数据采集环节是指数据的采集与汇聚，安全问题主要是数据汇聚过程中的传输安全问题；数据存储环节是指数据汇聚完毕后大数据的存储，以保证数据的机密性和可用性，提供隐私保护；数据挖掘是指从海量数据中抽取出有用信息的过程，需要认证挖掘者的身份，严格控制挖掘的操作权限，防止机密信息的泄露；数据发布是指将有用信息输出给应用系统，需要进行安全审计，并保证可以对可能的机密泄露进行数据溯源。

8.3.1　数据采集与存储安全技术

海量数据的存储需求催生了大规模分布式采集和存储模式。在数据采集过程中，可能存在数据损坏、数据丢失、数据泄露、数据窃取等安全威胁。大数据具有如此高的价值，大量的黑客就会设法窃取平台中存储的大数据以牟取利益，如果数据采集和存储的安全性得不到保证，将会极大地限制大数据的应用和发展。

1. 数据采集安全技术

数据采集过程中多使用身份认证、数据加密、完整性保护等安全机制来保证采集过程中的安全性。本部分首先讨论数据采集过程中的传输安全要求，简要介绍虚拟专用网（Virtual Private Network，VPN）技术，并重点介绍目前最常用的 VPN 技术——SSL VPN 在大数据传输过程中的应用。

（1）传输安全要求。

数据传输安全要求主要有以下四点。

① 机密性。只有预期的目的端才能获得数据。

② 完整性。信息在传输过程中免遭未经授权的修改，即接收到的信息与发送的信息完全相同。

③ 真实性。数据来源真实可靠。

④ 防止重发攻击。每个数据的分组必须是唯一的，保证攻击者捕获的数据分组不能重发或者重用。

【私搭 VPN 获利被判刑】

（2）VPN 技术。

VPN 技术将隧道技术、协议封装技术、密码技术和配置管理技术结合在一起，采用安全通道技术在源端和目的端建立安全的数据通道，将待传输的原始数据进行加密和协议封装处理后再嵌套装入另一种协议的数据报文中，像普通数据报文一样在网络中进行传输。因此，采用 VPN 技术可以通过在数据节点及管理节点之间布设 VPN 的方式，满足安全传输的要求。

SSL VPN 凭借其简单、灵活、安全的特点得到了迅速的发展。它采用标准的安全套接协议，支持多种加密算法，可以提供基于应用层的访问控制，具有数据加密、完整性检测和认证机制，而且客户端无须安装特定软件，更容易配置和管理，从而降低了总成本并提高了远程用户的工作效率。SSL VPN 协议提供的安全连接具有三个特点：连接的保密性、连接的可靠性和非对称密码认证体制。

SSL VPN 系统的组成按功能可分为 SSL VPN 服务器和 SSL VPN 客户端。SSL VPN 服务器是公共网络访问私有局域网的桥梁，它保护了局域网内拓扑结构信息；SSL VPN 客户端是运行在远程计算机上的程序，它为远程计算机通过公共网络访问私有局域网提供了一条安全通道，使得远程计算机可以安全地访问私有局域网的资源。SSL VPN 服务器相当于一个网关，拥有两种 IP 地址：一种 IP 地址与特有局域网在一个网段，响应的网卡直接连在局域网上；另一种 IP 地址是申请合法的互联网地址，响应的网卡连接到公共网络上。

在 SSL VPN 客户端，需要针对其他应用实现 SSL VPN 客户端程序，这种程序需要在远程计算机上安装和配置。SSL VPN 客户端程序相当于一个代理客户端，当应用程序需要访问局域网内的资源时，它就向 SSL VPN 客户端程序发出请求，SSL VPN 客户端程序再与服务器建立安全通道，然后转发应用程序并在局域网内进行通信。

大数据环境下的数据应用和挖掘需要以海量数据的采集与汇聚为基础，采用 SSL VPN 技术可以保证数据在节点之间传输的安全性。以电信运营商的大数据应用为例，运营商的大数据平台一般采用多级架构，处于同地理位置的节点之间需要传输数据，在任意传输节点之间均可部署 SSL VPN，保证端到端的数据安全传输。配置安全机制意味着需要额外的开销。引入传输保护机制后，除了数据安全性外，对数据传输效率的影响主要有两个方面：一是加密与解密对数据速率造成的影响；二是加密与解密对主机性能造成的影响。

2. 数据存储安全技术

数据存储安全技术包括隐私保护、数据加密、备份与恢复等，如图 8.6 所示。事实上，在数据应用的整个生命周期都需要考虑隐私泄露问题，从数据应用角度来看，隐私保护是将采集到的数据变形，以隐藏其真实意义，所以将隐私保护技术放在数据存储阶段介绍比较合适。

(1)隐私保护。

隐私保护的目的主要包括保证数据应用过程中不泄露隐私和更好地利用数据两个方面。当前隐私保护领域的研究工作主要集中于如何设计隐私保护原则和算法，以更好地达到这两方面的平衡。隐私保护技术可分为以下三类。

① 基于数据变换的隐私保护技术。所谓数据变换，简单来说就是对明暗属性进行转化，保持原始数据部分为真，同时某些数据或数据属性不变的保护方法。数据失真技术通过扰动原始数据来实现隐私保护，它要使扰动后的数据不被攻击者发现，同时失真后的数据仍然保持某些性质不变。目前，此类技术主要包括随机化、数据交换、添加噪声等。

② 基于数据加密的隐私保护技术。采用对称或非对称加密技术在数据中隐藏敏感数据，多用于分布式应用环境中，如分布式数据挖掘、分布式安全查询、几何计算、科学计算等。分布式应用一般采用两种模式存储数据：垂直划分数据和水平划分数据。垂直

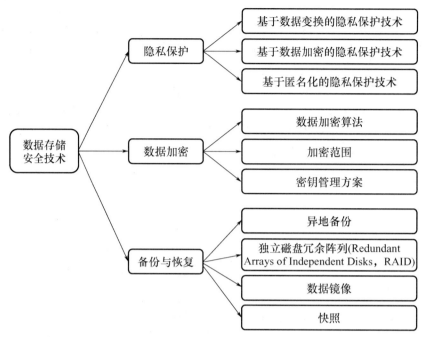

图 8.6　数据存储安全技术

划分数据是指分布式环境中每个站点只存储部分属性的数据，所有站点存储的数据不重复；水平划分数据是将数据记录存储到分布式环境中的多个站点，所有站点存储的数据不重复。

③基于匿名化的隐私保护技术。匿名化是根据具体情况有条件地发布数据，如不发布数据的某些域值、数据泛化等。限制发布即有选择地发布原始数据，不发布或者发布精度较低的敏感数据，以实现隐私保护。数据匿名化一般采用两种基本操作：抑制和泛化。

每种隐私技术都存在优缺点，基于数据变换的技术效率较高，但存在一定程度上的信息丢失；基于加密的技术则刚好相反，它能保证最终数据的准确性和安全性，但计算开销较大；限制发布技术的优点是能保证所发布的数据一定真实，但发布的数据会有一定的信息丢失。在大数据隐私保护方面，需要根据具体的应用场景和业务需求选择适当的隐私保护技术。

（2）数据加密。

大数据环境下，数据可以分为两类：静态数据和动态数据。静态数据是指文档、报表、资料等不参与计算的数据；动态数据则是需要检索或参与计算的数据。对于需要计算的动态数据目前还没有成熟的方案，因为动态数据需要在 CPU 和内存中以明文形式存在；对于静态数据来说，目前有数据加密算法、密钥管理方案及安全基础设计三种数据加密机制。

① 数据加密算法。数据加密算法有两类：对称算法和非对称算法。对称算法是它本身的逆反函数，即加密和解密使用同一个密钥，解密时使用与加密相同的算法即可得到明文，常见的对称加密算法有 DES、AES、IDEA、RC4 和 RC5 等；非对称加密算法使

用两个不同的密钥：一个公钥和一个私钥。在实际应用中，用户管理私钥的安全，而公钥需要发布出去，用公钥加密的信息才能解密，反之亦然。

实际工程中常采取的解决方法是将对称加密算法和非对称加密算法结合起来，利用对称密钥系统进行密钥分配，利用对称密钥加密算法进行数据加密，尤其是在大数据环境下加密大量的数据时，这种结合尤为重要。

② 加密范围。在大数据存储系统中，并非所有的数据都是敏感的，对那些不敏感的数据进行加密完全没有必要。尤其是在一些高性能计算环境中，敏感的关键数据主要是计算任务的配置文件和计算结果，这些数据相对来说敏感程度不高，但对于数据量庞大的计算源数据来说，敏感数据在系统中的比例不是很大。因此，可以根据数据敏感性对数据进行有选择性的加密，仅对敏感数据进行按需加密存储，免除对不敏感数据的加密，可以减少加密存储对系统性能造成的损失，对维持系统的高性能有积极的意义。

③ 密钥管理方案。密钥管理方案包括密钥粒度的选择、密钥管理体系及密钥分发机制。密钥是数据加密不可或缺的部分，密钥数量与密钥的粒度直接相关。密钥粒度大时，方便用户管理，但不适合细粒度的访问控制；密钥粒度小时，可以实现细粒度的访问控制，安全性更高，但产生的密钥数量太多，难以管理。

适合大数据存储的密钥管理办法主要是分层密钥管理，即"金字塔"式密钥管理体系。这种密钥管理体系就是将密钥以金字塔的方式存放，上层密钥用来加密和解密下层密钥，只需将顶层密钥分发给数据节点，其他层密钥均可直接存放于系统中。考虑到安全性，大数据存储系统需要采用中等或细粒度的密钥，因此当密钥数量过多而采用分层密钥管理时，数据节点只需保管少数密钥即可对大量密钥加以管理，效率更高。

（3）备份与恢复。

数据存储系统应提供完备的数据备份和恢复机制来保障数据的可用性和完整性。一旦数据丢失或破坏，可以利用备份来恢复数据，从而保证在故障发生后数据不丢失。常见的备份与恢复机制有异地备份、RAID、数据镜像和快照四种。

① 异地备份。是保护数据最安全的方式，在发生火灾、地震等重大灾难的情况下，当其他保护数据的手段都不起作用时，异地备份的优势就体现出来了。异地备份有三种方式，即基于磁盘阵列、基于主机方式和基于存储管理平台。

② RAID。系统使用许多小容量的磁盘驱动器来存储大量数据，使可靠性和冗余度得到提高。所有 RAID 系统的共同特点是具备"热交换"能力，即用户可以去除一个存在缺陷的驱动器，并更换一个新的驱动器。对大多数 RAID 来说，不必使用终端服务器就可以自动重建某个故障磁盘上的数据。

③ 数据镜像。就是保留两个或两个以上在线数据的副本。以两个镜像为例，所有写操作在两个独立的磁盘上同时进行，当两个磁盘都正常工作时，数据可以从任意磁盘读取。如果一个磁盘读取失效，则数据还可以从另一个正常工作的磁盘读取。远程镜像根据协议方式的不同可划分为同步镜像和异步镜像。

④ 快照。是数据的一个副本，可以迅速恢复遭到破坏的数据，减少宕机损失。快照的作用主要是进行在线数据备份与恢复，当存储设备发生应用故障或者文件损坏时可以

快速恢复数据，将数据恢复为某个可用时间点的状态。快照可以实现备份，在不产生备份窗口的情况下，也可以帮助用户创建一致性的磁盘快照，每个磁盘快照都可以被认为是一次对数据的完全备份。快照还具有快速恢复的功能，用户可以根据存储管理员的设置，定时自动创建快照，通过磁盘回退，快速回滚到指定的时间点上。

8.3.2 数据挖掘安全技术

数据挖掘是大数据应用的核心部分，是挖掘大数据价值的过程，即从海量的数据中自动抽取隐藏在数据中的有用信息的过程，有用信息包括规则、概念、规律和模式等。数据挖掘融合了数据库、人工智能、机器学习、统计学、模式识别、神经网络等多个领域的理论和技术，数据挖掘的专业性决定了拥有大数据的机构往往不是专业的数据挖掘者，因此经常会引入第三方挖掘机构。所以，要先解决对数据挖掘者的身份认证和访问控制问题。

1. 身份认证

身份认证是指计算机及网络系统确认操作者身份的过程，即用户的真实身份与其生成的身份是否符合的过程。根据被认证方能够证明身份的认证信息，身份认证技术可以分为以下三种。

(1)基于秘密信息的身份认证技术。所谓的秘密信息是指用户拥有的秘密，如用户 ID、口令、密钥等。该技术包括基于账号和口令的身份认证、基于对称密钥的身份认证、基于密钥分配中心的身份认证和基于公钥的身份认证等。

(2)基于信物的身份认证技术。主要有基于信用卡、智能卡、令牌的身份认证等。智能卡也称令牌卡，实际上是 IC 卡的一种，其组成部分包括微处理器、存储器、输入/输出部分和软件资源。为了提高性能，通常会有一个分离的加密处理器。

(3)基于生物特征的身份认证技术。包括基于生理特征(如指纹、声音、虹膜)的身份认证和基于行为特征(如步态、签名)的身份认证等。

2. 访问控制

访问控制是指主体依据某些控制策略或权限对客体或资源进行的不同授权访问，限制对关键资源的访问，防止非法用户进入系统和非法用户对资源的非法使用。访问控制是进行数据安全保护的核心策略，为有效控制用户访问数据存储系统，保证数据资源的安全，可授予每个系统访问者不同的访问级别，并设置响应策略以保证合法用户获得数据的访问权。访问控制可以是自主的或非自主的，常见的访问控制模式有以下三种。

(1)自主访问控制。自主访问控制是指对某个客体具有拥有权(或控制权)的主体能够将对该客体的一种访问权或多种访问权自主地授予其他主体，并在随后的任何时刻将这些权限收回。这种控制是自助的，即具有授予某种访问权利的主体能够自己决定是否将访问控制权限的某个子集授予其他主体，或从其他主体那里收回它所授予的访问权限。自主访问控制中，用户可以针对被保护对象制定自己的保护策略。这种机制的优点是具有灵活性、易用性和可拓展性；缺点是控制需要自主完成，带来了严重的安全问题。

（2）强制访问控制。强制访问控制是计算机系统根据使用系统的机构实现既定的安全策略，对用户的访问权限进行强制性的控制。也就是说，系统独立于用户行为，从而强制执行访问控制，用户不能改变它们的安全级别或对象的安全属性。强制访问控制具有很强的等级划分，所以经常用于军事领域。强制访问控制在自主访问控制的基础上，增加了对网络资源的属性划分，规定了不同属性下的访问权限。这种机制的优点是安全性比自主访问控制的安全性高；缺点是灵活性差。

（3）基于角色的访问控制。数据库系统可以采用基于角色的访问控制策略，建立角色、权限与账号管理机制。基于角色的访问控制的基本思想是在用户和访问权限之间引入角色的概念，将用户和角色联系起来，通过对角色的授权来控制用户对系统资源的访问。这种方法可以根据用户的工作职责设置若干角色，不同的用户可以具有相同的角色，在系统中享有相同的权利；同一个用户又可以同时具有不同的角色，在系统中行使多个角色的权利。

虽然这三种访问模式在底层机制上不同，但它们可以相互兼容，并以多种方式组合使用。

8.3.3 数据发布安全技术

数据发布是指大数据经过挖掘分析后，向数据应用实体输出挖掘结果数据的环节，其安全性尤为重要。数据发布前必须对即将输出的数据进行全面的审查，确保输出的数据符合"不隐秘、不隐私、不超限、合规约"等要求。数据输出环节的安全审计技术和数据溯源机制是必不可少的。

1. 安全审计

安全审计是指在记录与系统安全有关的活动的基础上，对系统进行分析处理、评估审查，找出安全隐患；对系统安全进行审核、稽查和计算，追查造成事故的原因，并作出进一步的处理。目前常用的审计技术有以下四种。

（1）基于日志的审计技术。通常 SQL 数据库和 NoSQL 数据库都具有日志审计功能，通过配置数据库即可实现对大数据的审计。日志审计能够对网络操作及本地操作数据的行为进行审计，由于依托现有的数据存储系统，因此兼容性较好。但这种审计技术的缺点也比较明显，首先在数据存储系统上，开启自身日志审计对数据存储系统的性能有影响，特别是在大流量情况下损耗较大；其次，日志审计的记录细粒度较差，缺少一些关键信息；最后，日志审计需要到每一台被审计的主机上进行配置和查看，较难进行统一的审计策略配置和日志分析。

（2）基于网络监听的审计技术。基于网络监听的审计技术是通过将数据存储系统的访问镜像到交换机的某一个端口，然后通过专用硬件设备对该端口流量进行分析和还原，从而实现对数据访问的审计。基于网络监听的审计技术的最大优点就是与现有数据存储系统无关，部署过程不会给数据库系统带来性能上的负担，即使出现故障也不会影响数据库系统的正常运行，具备易部署、无风险的特点。但是，其部署的实现原理决定了网络监听技术在针对加密协议时，可以审计到时间、源 IP、源端口、目的 IP、目的端口等信息，但无法对内容进行审计。

（3）基于网关的审计技术。基于网关的审计技术通过在数据存储系统前部署网关设备，在线截取并转发到数据存储系统实现审计。该技术起源于安全审计在互联网审计中的应用，在互联网环境下，审计过程除了记录外还需要关注控制，而网络监听方式无法实现很好的控制效果，因此多数互联网厂商选择通过串行方式来实现控制。

（4）基于代理的审计技术。基于代理的审计技术是通过在数据存储系统中安装审计程序实现审计策略的配置和日志的采集，该技术与日志审计技术比较类似，最大的不同是需要在被审计主机上安装代理程序。基于代理的审计技术的审计粒度优于基于日志的审计技术。但是，因为代理审计不是基于数据存储系统本身的，所以其性能损耗大于基于日志的审计技术。在大数据环境下，数据存储于多种数据库系统中，需要同时审计多种存储架构的数据。基于代理的审计技术存在一定的兼容风险，且在引入代理审计后，原数据存储系统的稳定性和可靠性会受到影响。

2. 数据溯源

数据溯源是对大数据应用周期的各个环节的操作进行标记和定位，在发生数据安全问题时，可以及时准确地定位到出现问题的环节和责任者，以便解决数据安全问题。目前对数据溯源的理论研究主要基于数据集溯源的模型和方法，主要方法有标注法和反向查询法。这两种方法是基于数据操作记录的，对于恶意窃取、非法访问者来说，很容易破坏数据溯源信息。数据溯源的应用有数据库应用、工作流应用和其他方面的应用。随着大数据和云计算的不断发展，数据溯源问题变得越来越重要。

8.3.4 防范 APT 技术

大数据应用环境下，APT 的安全威胁日益凸显。首先，应用大数据技术对数据进行了逻辑或物理上的集中，相对于在分散的系统中搜集有用的信息，集中的数据系统为 APT 搜集信息提供了便利；其次，数据挖掘过程中可能会有多方合作的业务模式，外部系统对数据的访问增加了泄露机密和隐私的途径。

1. APT 的特征

与其他攻击形式相比，ATP 功击的原理更高级和先进，具体特征如下。

（1）极强的隐蔽性。APT 与被攻击对象的可信程序漏洞和业务系统漏洞进行了融合，这种融合在组织内部很难被发现。

（2）潜伏期长，持续性强。APT 是一种很有耐心的攻击方式，攻击和威胁可能在用户环境中存在一年以上，通过不断收集用户信息来收集重要情报。这种攻击模式本质上是一种"恶意商业间谍威胁"，具有很长的潜伏期和一定的持续性。

（3）目标性强。不同于以往的常规病毒，APT 的制作者掌握高级漏洞挖掘和超强的网络攻击技术，发起 APT 所需的技术壁垒和资源壁垒要远高于普通攻击行为。

（4）技术高级。攻击者掌握先进的攻击技术，使用多种攻击途径，而且攻击过程复杂，持续攻击过程中攻击者可以动态调整攻击方式，从整体上掌控攻击过程。APT 的一般过程如图 8.7 所示。

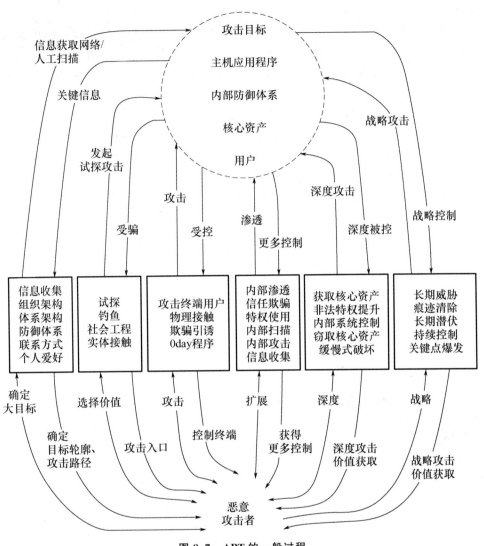

图 8.7 APT 的一般过程

2. APT 的防范策略

目前的防御技术、防御体系很难有效应对 APT，导致被攻击很长时间后才会发现，甚至可能有许多 APT 未被发现。新的安全防御体系需要新的安全思维，即放弃保护所有数据的观念，转而重点保护关键数据，在传统的纵深防御的网络安全防护基础上，在各个可能的环节上部署检测和防护手段。

(1) 防范社会工程。

防范社会工程需要一套综合性措施，既要根据实际情况完善信息安全管理策略，如禁止员工在个人微博上发布与工作相关的信息、禁止在社交网站上公布私人身份和联络信息等；又要采用新型的检测技术，提高识别恶意程序的准确性。社会工程是利用人性

的弱点针对个人进行的渗透过程。因此，提高个人的信息安全意识是防止社会工程攻击的基本方法。

绝大部分社会工程攻击是通过电子邮件或即时信息进行的。管理设备应该做到阻止内部主机对恶意 URL 的访问。有些邮件表面上看是一个普通的数据文件，比较有效的方法是用沙箱模拟真实环境访问邮件中的 URL 或打开附件，观察沙箱主机的行为变化，以有效检测出恶意程序。

（2）全面采集行为记录，避免内部监控盲点。

收集 IT 系统行为记录是异常行为检测的基础和前提。大部分 IT 系统行为可以分为主机行为和网络行为两个方面，更全面的行为采集还包括物理访问行为记录采集。

① 主机行为采集。一般是指完成主机上的行为监控程序，有些行为记录可以通过操作系统自带的日志功能实现自动输出。为了实现对进程行为的监控，行为监控程序通常在操作系统的驱动层工作，如果实现上有错误，很容易引起系统的崩溃。为了避免被恶意程序探测到监控程序的存在，行为监控程序应当尽量工作在驱动层的底部，但越靠近底部，稳定性风险越高，即对系统稳定性的负面影响越大。

② 网络行为采集。一般是通过镜像网络流量，将流量数据转换成流量日志。以 NetFlow 为代表的早期流量日志只包含网络层信息。近年来的异常行为大多集中在应用层，仅凭网络层的信息难以分析出有价值的信息。应用层流量日志的输出，关键在于应用的分类和建模。

（3）IT 系统异常行为检测。

异常行为检测的核心思想是通过流量建模识别异常。异常行为包括下载恶意程序到目标主机、目标主机与外网的服务器进行联络和内部主机向服务器传送数据。而异常行为检测的核心技术是元数据提取技术、基于连接特征的恶意代码检测规则以及行为模式的异常检测算法。

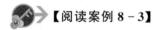【阅读案例 8－3】

美国大选背后的个人隐私与大数据

美国总统竞选从来都是一项注重公众参与的活动，了解公众的需求、获得公众的喜好并加以满足是入主白宫的根本。现在的候选人早已意识到，数据技术是必要的途径。当总统竞选在社交网络上全方位展开时，其实是在诱导选民社交圈的社会认同；曾经以"为民众赋予权力"为基础的民主制度，在对个人隐私的窥探下，可能变成针对个人的行为操纵。人们以为是自己作出了选择，但其实只是坠入了精心设计好的"罗网"。这与商业巨头对消费者所做的事情很像，即让潜在消费者心满意足地掏出钱包和投出选票。

1. 对个人隐私的窥探

当今世界最不缺的就是人们留下的数据痕迹：每一次注册/登录、每一次网络搜索、每一步行走、每一条社交网站上的状态更新，都会被记录、分析和整理，最终作出针对个人的个性化决策。这些决策不仅用在商业活动、娱乐和营销中，美国总统大选也不例外。2016 年的美国总统大选被德国《商报》称为"第一次数字化竞选"，在这场盛大的政治活动中频繁出现了许多名词：大数据、社交网络、软件机器人、黑客甚至维基解密。两党候选人都拥有庞大的技术班底，将大量资金花费在获取和使用投票者的信息上，并且借助社交网络的力量，将自己获胜的希望最大化。

如今的候选人已经意识到，以互联网为基础的信息技术可以在政治角逐中起到巨大的作用。人们将自己的信息放到网上，让各种网站记录自己的个人和财产信息，在社交网络上公开发表观点。这些公开的信息可以用来描绘特定用户的面貌，准确程度远远超过人口普查的结果。在这些数据中，蕴藏着商业和政治的新机会——虽然并非清晰可见，但的确是一座金矿。这与传统的美国总统大选很不一样。2008年奥巴马获选的重要原因之一是其借助了互联网的优势。在他竞选成功后，《纽约时报》的一篇文章写道："如果没有互联网，奥巴马就不可能是总统。"奥巴马和选民们在社交网站上的互动，帮助他获得了历史上最多的选票及数额最高的小额募捐资金。按照《连线》杂志的说法，奥巴马在竞选连任时，"对当初帮他入主白宫的69456897名美国人姓甚名谁了如指掌。"所以在2016年的美国总统大选中，两党对数据收集、分析、整理和使用的高度重视，也就不算是难以理解的举措了。

2. 数据的力量

在进入21世纪之前，美国总统竞选采用的还是延续多年的方式：电视广告、电子邮件、上门拜访、社区活动和巡回演讲。在2000年的美国总统大选中，候选人开始用互联网来募集竞选资金和动员志愿者；2004年，刚刚发展起来的数据挖掘技术就成了竞选的秘密武器，用来分析特定群体的需要，然后为他们定制针对性的信息和传播渠道；在2016年的大选中，新技术被开发出来，传统技术被应用到极致。

与大多数政治分析家不一样，内特·希尔沃从来不靠自己的政治经验来预测结果。这位前审计顾问和德州扑克职业玩家，因为用算法模型准确预测了2008年和2012年的总统大选和各州投票结果而名声大噪，以至于每次竞选活动之后，报纸杂志都会说："内特·希尔沃预测认为……"但其实内特·希尔沃认为什么并不重要，重要的是他的预测模型如何认为。在个人网站上，他发表了候选人的当选概率并实时更新，每次发生公众事件或者有了新的民意调查结果，这些概率就会变化。这些概率是预测模型计算出来的，而预测模型则建立在数据事实的基础之上。

民意调查结果一直是美国总统大选时最倚重的数据来源。在长达半年的总统竞选活动中，会有许多组织通过不同方式进行大量调查，将结果汇总成民意调查数据。其模型收集整理来自各个渠道的民意调查数据，根据历史表现调整它们的重要性，靠大量数据抹平单次调查结果中可能出现的偏差，改善模型的准确性并作出预测。收集、处理、运算、反馈，循环往复，逐渐完善。对于更大规模的数据，总统候选人也采用了相同的策略，所依赖的数据来源不仅是民意调查结果，还涵盖了诸多社交网站和公开及私有的数据库。及时收集这些数据，并且帮助制定策略以获得更多选民的技术，成为两党候选人的重要武器。

"我们喜欢用'武器化'这个词……用数据来洞察不同阵营的选票上下变化。"深根分析公司的分析主管大卫·西赖特说，这家公司为美国共和党候选人特朗普提供数据分析支持。在民主党中扮演相同角色的是目标明智公司，其首席执行官汤姆·伯尼尔认为："随着对大数据技术的重视，在今年大选中将不再会出现奥巴马那样独占优势的状况，两党的技术武器变得更加旗鼓相当。"这家公司正在尝试更有创新意义的做法：将美国超过

2亿的选民资料与大型网站和社交网络上的个人账号相匹配。这将是一个巨大的突破，可以将网络行为对应到具体的个体，再与已经构成的、庞大的用户个人数据相结合，最终完全由准确数据来驱动竞选策略。

传统上的美国总统竞选，候选人代表的是利益集团，但是在大数据时代，每一个选民都变得重要起来。由数据驱动的竞选策略将会帮助候选人筛选出吸引特定选民的最佳行为。这意味着电视广告的时段和内容、网站广告的选择和展示时间，甚至是应该用电子邮件还是电话来争取这位选民的选票都能确定下来。竞选双方都在争取那些摇摆的投票者，这些人可能因为某个细微的举动、某句话就转投另一个阵营。摇摆投票者们的意识形态、价值观和哲学各有不同，乐于接受信息的方式和渠道不同，对候选人的关注点也不同。英国的剑桥分析公司与共和党签订了价值500万美元的订单，帮助特朗普分析可能争取到的摇摆投票者，并且改善针对他们的信息传递方式。这家公司的素材来自超市购物记录、电视节目播放记录和互联网浏览记录，为每个用户建立了4000～5000个数据点，精确分类用户，并且设计专门的方案来说服他们。数据决定了谁将会是下一任美国总统，总统竞选也从政治经验和民众倾向的复杂判断变成了精准微妙的数字游戏。候选人的技术顾问通过各种活动、数据库和社交网站构建选民数据库，再精益求精地改善算法，以求设计出最可能赢得选民的政策、说辞，甚至是细微的动作和外套的颜色。这是高度定制化的竞选策略，背后隐藏的是对选民详细资料的透彻了解。这些技术可以达到相当精细的程度：2016年8月，共和党在一次宣传活动中，通过10万个网页向社交网站Facebook的用户展示了广告，而其中每一个网页都瞄准了一位不同类型的选民。

3. 投网民所好

在全民上网时代，想要接触到选民不再困难，想要了解他们的需求和观点也不是遥不可及的任务。社交媒体正在成为新的主要新闻源，仅2013—2015年，通过Facebook和Twitter等社交媒体阅读新闻的用户比例就增长了30%，在年轻人中比例更高。甚至2016年的候选人辩论也延伸到了社交媒体上，成为全天候的多方对话，而不再只是电视上3小时的辩论直播。

在2016年10月18日晚上最后的总统候选人辩论时，大众不仅关注辩论本身，同时在关注以Twitter为代表的社交媒体。数据分析公司实时收集用户的言论，再把结论发给大众。辩论刚刚结束，结果就已经出现：与特朗普有关的言论中，带有负面情绪的内容占62%；与希拉里有关的言论中，带有正面情绪的占54%。社交媒体的互动特性使收集观点和预测投票变成了常规的实时活动，两个阵营都在收集各大社交网站的数据，分析每一次发布的转发和评论，再仔细考虑下一次发布的措辞。在了解选民信息和倾向的基础上，竞选团队和选民甚至可以深入地一对一沟通，从而加深彼此关系，获得更多选票。

即使能够收集选民的数据，也不意味着会得出准确的结果。在科学实验中，为了得出客观的结果，观察者不应该介入系统当中，但选举过程并非科学实验，而对数据的挖掘和展示本身也会影响到整个系统。每次预测的变化都会引发大量媒体报道和社交网络话题，这些话题会影响选民的投票意愿，进而影响预测算法的结果。这种效应可能会导致整个系统偏离方向。

今天人们对网络生活的态度、对信息工具的依赖以及对网络渠道的重视程度，与几年前大不相同。信息技术正在影响人们思考和作出决策的方式，而"影响他人"也已经有了截然不同的含义。这让 2016 年的美国总统大选变成了全新的开始。政客们及其竞选团队固然会更了解选民们的个人信息，但也会更清楚民众的愿望。数据虽然提供了更多诱导大众的工具，但也让政客们更多地受制于民众真正的需求。候选人们已经意识到，在他们身处的世界，信息正变得更公开透明。技术搭起了桥梁，让候选人和选民不再彼此陌生，候选人会更认真地考虑民众的想法，而选民会更乐于发出自己的声音。

（资料来源：http://www.jiemian.com/article/941181.html，2016-11-08.）

小　结

【中华人民共和国
个人信息保护法】

　　本章围绕大数据的隐私与安全问题，阐述了大数据隐私与安全的定义和防护策略，重点论述了在大数据应用的整个生命周期中各个环节的安全防护技术。在大数据采集阶段，主要关注传输数据的机密性保护；在大数据存储阶段，重点考虑大数据的隐私保护和备份技术；在大数据挖掘阶段，主要是对数据库中的数据进行计算和处理；大数据的发布阶段为大数据的输出环节，关注的重点是数据审计技术。APT 是近年来兴起的热门攻击技术，具有危害大、隐蔽性强等特点，可能潜伏在大数据生命周期的任意环节，对大数据的可用性和机密性造成严重影响。本章也探讨了大数据下的防范 APT 策略。

关键术语

(1)隐私保护　　　(2)数据加密　　　(3)备份与恢复　　　(4)APT
(5)管理安全　　　(6)存储安全　　　(7)应用安全

习　题

1. 选择题

(1)以下(　　)不是对 APT 的正确描述。

　　A. 长时间重复这种操作

　　B. 适应防御者来产生抵抗能力

　　C. 无目标、有组织的攻击方式

　　D. 维持在所需的互动水平以执行偷取信息的操作

(2)(　　)是指系统中的某个实体假装成另一个实体，以获取系统的权限和特权。

　　A. 假冒　　　　　　　　　　　　B. 授权侵犯

　　C. 旁路控制　　　　　　　　　　D. 陷阱

(3)数据停留在(　　)阶段的时间最长，也是保障数据安全的一个关键环节。

　　A. 采集　　　　　　　　　　　　B. 挖掘

　　C. 存储　　　　　　　　　　　　D. 发布

(4)下列有关云数据安全的说法中，错误的是(　　)。

　　A. 享用云服务的用户数据存储在本地服务器上

B. 服务商对各个云端的各类用户数据具有直接获取权

C. 黑客只要能攻破一点就能窃取或者毁坏整个数据链

D. 云服务商缺少自我约束和加密机制

(5)信息在传输过程中免遭未经授权的修改,即接收到的信息与发送的信息完全相同是数据传输(　　)的要求。

A. 真实性 　　　　　　　　　　　　B. 完整性

C. 机密性 　　　　　　　　　　　　D. 防止重发攻击

(6)在防范 APT 时,要收集和记录 IT 系统行为,以下(　　)不是对 IT 行为的分类。

A. 主机行为 　　　　　　　　　　　B. 网络行为

C. 物理访问行为 　　　　　　　　　D. 个人隐私信息

2. 判断题

(1)数据安全具有保密性、完整性和可用性三个基本特点。　　　　　　　　　(　　)

(2)在数据传输层次上对存储和传输的信息进行安全保护是数据安全的基本保障。

(　　)

(3)渗入威胁包括木马病毒和陷阱。　　　　　　　　　　　　　　　　　　(　　)

(4)大数据应用过程分为采集、存储、挖掘、发布四个环节。　　　　　　　　(　　)

(5)SSL VPN 系统的组成按结构可分为 SSL VPN 服务器和 SSL VPN 客户端。

(　　)

(6)数据镜像就是保留两个或两个以上在线数据的副本。　　　　　　　　　(　　)

3. 简答题

(1)简述大数据安全的特点。

(2)大数据隐私与安全的防护策略有哪些?

(3)简述大数据隐私与安全的防护技术分类。

(4)大数据存储安全技术有哪些?

(5)简述 APT 的定义和特征。

(6)身份认证技术有哪几种?

【第 8 章　习题答案】

参 考 文 献

安俊秀，王鹏，靳宇倡，2015.Hadoop 大数据处理技术基础与实践［M］.北京：人民邮电出版社.

蔡立志，武星，刘振宇，2015.大数据测评［M］.上海：上海科学技术出版社.

陈海滢，郭佳肃，2017.大数据应用启示录［M］.北京：机械工业出版社.

陈军君，2017.大数据应用蓝皮书［M］.北京：社会科学文献出版社.

陈志德，曹燕清，李翔宇，2017.大数据技术与应用基础［M］.北京：人民邮电出版社.

丁维龙，赵卓峰，韩燕波，2015.Storm：大数据流式计算及应用实践［M］.北京：电子工业出版社.

董西成，2013.Hadoop 技术内幕：深入解析 YARN 架构设计与实现原理［M］.北京：机械工业出版社.

韩家炜，2007.数据挖掘概念与技术［M］.北京：机械工业出版社.

昆顿·安德森，2014.Storm 实时数据处理［M］.卢誉声，译.北京：机械工业出版社.

李联宁，2016.大数据技术及应用教程［M］.北京：清华大学出版社.

连玉明，张涛，2014.大数据［M］.北京：团结出版社.

林子雨，2017.大数据技术原理与应用：概念、存储、处理、分析与应用［M］.2 版.北京：人民邮电
出版社.

林子雨，2015.大数据技术原理与应用：概念、存储、处理、分析与应用［M］.北京：人民邮电出版社.

刘鹏，2017.大数据［M］.北京：电子工业出版社.

娄岩，2017.大数据技术概论［M］.北京：清华大学出版社.

娄岩，2017.大数据技术应用导论［M］.沈阳：辽宁科学技术出版社.

罗福强，李瑶，陈虹君，2017.大数据技术基础：基于 Hadoop 与 Spark［M］.北京：人民邮电出版社.

宁兆龙，2017.大数据导论［M］.北京：科学出版社.

汤姆·怀特，2017.Hadoop 权威指南：大数据的存储与分析［M］.4 版.王海，华东，刘喻，等译.北京：
清华大学出版社.

托马斯·埃尔，瓦吉德·哈塔克，2017.大数据导论［M］.北京：机械工业出版社.

王振武，2017.大数据挖掘与应用［M］.北京：清华大学出版社.

熊赟，朱扬勇，陈志渊，2016.大数据挖掘［M］.上海：上海科学技术出版社.

杨旭，汤海京，丁刚毅，2017.数据科学导论［M］.2 版.北京：北京理工大学出版社.

杨正洪，2016.大数据技术入门［M］.北京：清华大学出版社.

姚海鹏，王露瑶，刘韵洁，2017.大数据与人工智能导论［M］.北京：人民邮电出版社.

袁汉宁，王树良，程永，等，2015.数据仓库与数据挖掘［M］.北京：人民邮电出版社.

张尼，张云勇，胡坤，等，2014.大数据安全技术与应用［M］.北京：人民邮电出版社.

张绍华，潘蓉，宗宇伟，2016.大数据技术与应用：大数据治理与服务［M］.上海：上海科学技术出
版社.

周苏，冯婵璟，王硕平，等，2016.大数据技术与应用［M］.北京：机械工业出版社.

周苏，王文，2016.大数据导论［M］.北京：清华大学出版社.